电磁混响室仿真与优化设计

魏光辉　崔耀中　潘晓东　著

科 学 出 版 社

北 京

内 容 简 介

本书系统阐述了混响室优化设计理论、时频域建模与快速仿真方法。重点阐述了机械搅拌混响室的基本原理、统计均匀性评价准则、等效损耗建模方法和优化设计时域仿真快速算法,最后给出了单天线激励混响室优化设计的普遍规律。全书共分 7 章。第 1、2 章阐述混响室的基本理论和统计均匀性评价准则;第 3 章阐述混响室损耗功率的计算方法;第 4、5 章阐述混响室时频域建模与快速仿真方法;第 6 章阐述矩阵束法在混响室时域仿真中的应用;第 7 章阐述混响室的优化设计方法,并给出了混响室关键参数对场性能的影响规律。

本书全面总结了作者在机械搅拌电磁混响室优化设计领域的最新研究进展,可为从事电磁混响室研究的人员提供相关理论方法,也可作为研究生专业的教材和相关专业科研人员的技术参考书。

图书在版编目(CIP)数据

电磁混响室仿真与优化设计/魏光辉,崔耀中,潘晓东著.—北京:科学出版社,2016.5

   ISBN 978-7-03-048292-1

   Ⅰ.①电⋯ Ⅱ.①魏⋯ ②崔⋯ ③潘⋯ Ⅲ.①电磁波—混响室—仿真设计—研究 Ⅳ.①O423

   中国版本图书馆 CIP 数据核字(2016)第 103586 号

责任编辑:潘斯斯 张丽花/责任校对:桂伟利
责任印制:徐晓晨/封面设计:迷底书装

科 学 出 版 社 出版
北京东黄城根北街 16 号
邮政编码:100717
http://www.sciencep.com

北京科印技术咨询服务公司 印刷
科学出版社发行 各地新华书店经销
*

2016 年 5 月第 一 版 开本:720 × 1000 B5
2017 年 1 月第二次印刷 印张:11
字数:210 000

定价:78.00 元
(如有印装质量问题,我社负责调换)

前　　言

　　机械搅拌电磁混响室突破传统均匀场电磁环境模拟的思路，在高品质因数的金属屏蔽腔体内以发射天线作为电磁激励源，利用金属表面的高反射特性，使电磁波在腔体内部反复反射，达到电磁能量高效利用、以较低输入功率营造强场电磁环境的目的；同时，为了消除腔体谐振驻波效应导致的空间电场非均匀性，腔体内部一般安装一个或多个金属机械搅拌器，以破坏腔体内部空间结构的规则性，使电磁波在腔体内部形成多模分布，借助同频、不同模式电磁波空间分布规律不同的特点，通过电磁场多模叠加提高场分布的空间均匀性；其次，机械搅拌器的步进或连续转动，改变电磁场的边界条件，使腔体内部电磁场的模式和空间分布随之变化，在搅拌器转动一周后，使腔体内部形成空间统计均匀、各向同性、随机极化的电磁环境。与传统均匀场电磁环境模拟设备、设施相比，混响室具有建造成本低、可用空间大、以较低功率激发较高场强以及受试设备不用移动翻转即可完成电磁辐射敏感度测试等显著优势。这些优势使得混响室在辐射抗扰、辐射发射以及屏蔽效能测试等方面具有广泛的应用潜能。

　　电磁混响室的一个重要应用优势是电子系统或武器装备整机电磁防护性能测试或电磁辐射敏感度测试，要求混响室内部有较大的试验空间且电场强度统计分布相对均匀。在搅拌器旋转一周的过程中，不同位置场强最大值的统计误差根据频段不同要优于 3 ~4dB。由于场强分布的均匀性直接影响试验结果的不确定度，建造混响室时如何保证电磁场分布的均匀性、降低统计分布误差，一直是该领域研究的热点。

　　电磁混响室的三维数值仿真不仅有助于分析混响室的电磁特性，更可以在混响室实际建造前进行结构的总体设计、参数优化、归一化场强估算和整体评价等，从而节约经济和时间成本，避免场非均匀性超标导致的返工。例如，考察腔体三维尺寸比例、搅拌器设置对混响室最低可用频率的影响，分析腔体、搅拌器材料特性以及孔缝对混响室内归一化电场强度的影响，评估混响室在不同搅拌器作用下的可用测试区域及其随频率的变化情况，探索使混响室统计均匀特性最佳的搅拌器的结构、尺寸、位置及搅拌器的步进模式等。此外，混响室的三维数值仿真对混响室在电磁兼容、电磁防护性能测试中的实际应用也具有指导意义，可根据模型数值仿真结果，合理确定测试程序，减少实测时的盲目尝试，使实测结果更具有针对性。

　　本书以电磁混响室性能评价、仿真建模与快速计算、结构优化设计为主线，在借鉴吸收国内外电磁场数值计算、混响室性能评价最新研究成果的基础上，系统阐述电磁混响室的基本理论、场均匀性评价准则、腔体损耗功率计算方法、时频域建模与快速仿真方法，最后给出了混响室优化设计的共性规律。本书是作者从事电磁混响室性能评价、优化设计研究的成果总结，是在作者及其指导的博士、硕士研究生完成的研究报告、学位论文的基础上，经过进一步修改、补充完成的。重点介绍了混响室品质因数的快速计算方法、统计均匀特性评价新准则、时频域模型的建立方法与简化依据、基于品质因数的模型快速仿真方法、矩阵束方法在模型仿真中的应用以及混响室优化设计方法。本书对模式搅拌电磁混响室设计评估和工程应用具有重要的实用价值，对新型电磁混响室探索、混响室电磁辐射敏感度测试方法的研究也具有重要的学术价值。

全书共分 7 章：第 1 章阐述混响室的基本理论，给出了表征混响室性能的基本参量与确定方法；第 2 章阐述混响室统计均匀特性评价准则，提出了基于多维数组的搅拌器独立位置数评价方法；第 3 章阐述混响室损耗功率的计算方法，确定了混响室内部电磁能量损耗的普适规律；第 4 章阐述混响室的时频域建模方法，给出了混响室品质因数、归一化场强的实验验证测试流程；第 5 章建立混响室等效损耗模型，给出了一种基于品质因数的混响室时域快速仿真计算方法；第 6 章阐述矩阵束法在混响室时域仿真中的应用，提出了计算指数阻尼正弦数的新准则和减秩加速的矩阵束方法；第 7 章阐述混响室的优化设计方法，提出了一种镜像对称的多馈源混响室扩展方法，给出了混响室关键参数对场性能的影响规律。

本书由魏光辉提出编著纲目并执笔撰写，崔耀中提供了第 3~5 章的部分初稿并撰写完成第 6 章，潘晓东提供了第 1、2 章的部分初稿。全书贯彻删繁就简、少而精的原则，叙述力求深入浅出和通俗易懂。

由于作者水平有限，书中难免存在疏漏和欠妥之处，敬请广大读者批评指正。

作 者

2015 年 6 月于石家庄

目　　录

第1章　电磁混响室基本理论

电磁混响室属于电磁环境模拟装置，它突破传统均匀场电磁环境模拟技术尽量消除电磁波反射以提高场均匀性的思路，在高品质因数的金属屏蔽腔体内以发射天线作为电磁激励源，利用金属表面的高反射特性，使电磁波在腔体内部反复反射，达到电磁能量高效利用、以较低输入功率营造强场电磁环境的目的。

为了消除腔体谐振驻波效应导致的空间电场非均匀性，在腔体内部通过金属搅拌器机械搅拌、频率搅拌、激励源位置变化 (源搅拌)，或设计非规则形状的谐振腔、采用波纹墙，或采用谐振腔墙体摆动等手段，以破坏腔体内部电磁场分布的规则性，使电磁波在腔体内部形成多模分布，借助同频或相近频率、不同模式电磁波空间分布规律不同的特点，通过电磁场多模叠加提高场分布的空间均匀性。在一个变化周期内，使腔体内部形成空间统计均匀、各向同性、随机极化的电磁环境。

1.1　电磁混响室概述

1.1.1　混响室的发展历程

电磁混响室的研究可追溯到 1968 年，为解决传统均匀场模拟技术能量利用效率低、难以模拟强场电磁环境的问题，Mendes 首先提出将空腔谐振用于电磁辐射效应测量的思想。1971 年，美军发布了标准 MIL-STD-1377，接受使用混响室用于电缆和屏蔽材料的屏蔽效能测试。1975 年，Cummings 给出了在混响室内进行敏感度测试的应用实例和测试数据。但在此后的多年间，这种测量方法并未引起更多的关注。直到 20 世纪 80 年代，随着军工产品、汽车、航空工业产品的辐射抗扰度对环境电场强度的要求越来越高，需要对大尺寸的受试设备进行高强度、高频电磁场辐射效应试验。若采用开阔场或电波暗室等传统的测试环境。就需要昂贵的功率放大器，其至技术上难以达到；此外，在电缆和屏蔽材料的强场屏蔽效能测试方面，也需要更经济有效的方法。上述需求使得混响室重获新生，电磁辐射效应混响室测试方法逐渐得到了人们的认可。1982 年 1 月至 1983 年 7 月，Chang 系统研究了矩形混响室内电磁场本征模数与混响室尺寸、工作频率的关系、混响室内本征模分裂与矩形混响室形状的关系，并首次将混响室内实现电磁场统计均匀性的难易程度与混响室内本征模的数量联系起来，得出了许多有价值的结果。1986 年，美国国家标准局的 Crawford 研究小组对混响室的结构设计、性能评价和混响室、激励源、被测物之间的相互影响进行了系统的研究，为混响室的发展和应用奠定了基础。2003 年，国际电工委员会发布的 IEC61000-4-21 标准及 2008 年的修订版对混响室的工作模式、校准方法以及辐射抗扰等测试流程进行了详细说明，标志着混响室的发展日趋成熟。

1.1.2　混响室的基本特点

与传统电磁环境模拟装置相比，混响室有着如下比较突出的优势。

1) 建设成本低

采用屏蔽腔体作为电磁场的边界且无吸波材料，电磁辐射能量的利用率高，利用相对较低的功率激励，即可在大的测试空间内激发强场电磁环境，因而能够大幅度降低宽带射频、微波功率放大器的投资，节约建设成本。

2) 测试环境统计均匀各向同性

混响室内电磁环境为同频或窄带电磁波多模叠加的结果。由于不同模式的电磁波空间分布规律不同，当模式数量足够多时，多模叠加的结果使测试区域不同位置处的电场强度最大值差别降低，通过电磁场边界条件变化或频率微调使电磁场的模式及分布规律发生变化，在一个周期内使屏蔽腔体内产生空间均匀、各向同性、随机极化的电磁环境。所谓的空间均匀就是混响室测试区域内的电磁场能量密度最大值各处一致；各向同性就是混响室内所有方向能流密度在一个周期内的统计最大值是相同的；随机极化就是所有模式电磁波之间相位差及其极化方向是随机的。值得注意的是：统计均匀各向同性是混响室内电磁场在一个变化周期内的统计值，具体到每一状态、每一时刻，混响室内电磁场的极化方向都是确定的；不同时刻 (状态)、同一位置处电磁场的极化方向各不相同。

由于混响室内电磁场统计均匀、各向同性、随机极化，在混响室内对设备进行电磁辐射效应测试时，在电磁环境变化的一个周期内总有一个状态电磁场的极化方向与被试设备的电磁辐射敏感方向一致或接近，因而受试设备无须旋转或改变辐照方向，即可找到敏感状态，便于确定临界干扰或损伤场强。技术难题在于如何度量效应测试时的环境场强，使混响室内电磁辐射效应的测试结果与传统均匀场测试结果相一致，相关问题正在研究探索中。

3) 测试区域空间大

与传统的均匀场电磁环境模拟装置不同，混响室内与腔体、搅拌器等良导体相距超过四分之一波长的区域，均可实现电磁环境的统计均匀各向同性，因而测试区域空间大，不同测试区域的电场强度与其距激励天线的远近关系不大，便于对大型受试设备、系统进行电磁辐射效应测试。

4) 工作频率范围宽

混响室的几何尺寸决定其最低可用工作频率和最高可用工作频率。几何尺寸越大，最低可用工作频率越小；由于高频电磁波远场辐射强度与辐射距离成反比，除非混响室的几何尺寸足够大，以至于激励电磁波经过初始反射到达另一侧壁后，电场强度已远小于距激励天线 1m 处的电场强度，混响室的谐振作用难以建立，则混响室的最高可用工作频率几乎不受限制。宽边达 10m 以上的典型电磁混响室的工作频率为 80MHz ~40GHz。

值得说明的是：对于超大型电磁混响室，可以采用多辐射源激励的方法扩展其工作频率上限，提高场均匀性。

1.1.3 电磁混响室的分类

电磁混响室的设计方案有多种，根据工作原理不同大体可分为三类。第一类是模式搅拌混响室：通过改变混响室的内部结构、墙体形状、几何尺寸，使电磁场边界条件改变从而形成多模分布的不断变化，在一个工作周期内形成各向同性、统计均匀、随机极化的电磁场。如依靠高电导率金属搅拌器步进转动或连续旋转形成统计均匀场的机械搅拌混响室；通过混响室墙体的摆动从而连续改变空腔谐振条件而达到多模混响的摆动墙混响室；以及通过振动柔软导电材料形成均匀场的墙壁振动型混响室等。第二类是频率搅拌混响室：在保持腔体结构、边界条件不变的情况下，以频率线性调制的窄带信号为激励源，使谐振腔内工作频率在中心频率附近的较窄频带范围内连续变化。通过对不同频率的随机抽样，即利用本征模对混响室内给定点场贡献的伪随机性得到均匀场。频率搅拌方法尤其适用于体积小、形状特殊的腔体，如驾驶员座舱、飞机隔舱等，但在对用频设备电磁辐射抗扰度试验时，选频响应特性的测试结果会受到严重影响。第三类是源搅拌混响室，它无须改变混响室的工作频率和腔体边界条件，而是通过合理改变激励源的位置和方向引起混响室内电磁场分布的变化，从而形成统计均匀电磁场。该方法的发展尚不成熟，对工作原理的正确性争议较大。

上述三类混响室设计方案中，机械搅拌混响室理论最成熟、应用最普遍，且频率搅拌和源搅拌方式通常也会与机械搅拌混响室配合构成复合搅拌混响室。为此，本书着重介绍机械搅拌电磁混响室的相关理论、仿真方法和优化设计。

除了机械搅拌混响室外，不少学者也提出了另外一些能实现电磁模式混响的颇有新意的设计方案，包括如下几种。

1) 摆动墙混响室

1992 年，Yi 等提出采用摆动墙 (Moving Wall) 方案建造混响室，如图 1-1 所示。混响室墙体的摆动，使室内体积不断变化，从而连续改变空腔的谐振条件和模式分布，从而达到混响的目的。Kouveliotis 等用 FDTD 方法仿真计算了摆动墙混响室的品质因数 Q 和场均匀性，并通过建模仿真考察了其对 EUT 电磁辐射效应测试的可行性。此方法的最大困难在于如何处理摆动墙与固定墙的连接边界，以提高腔体的屏蔽性能和品质因数。

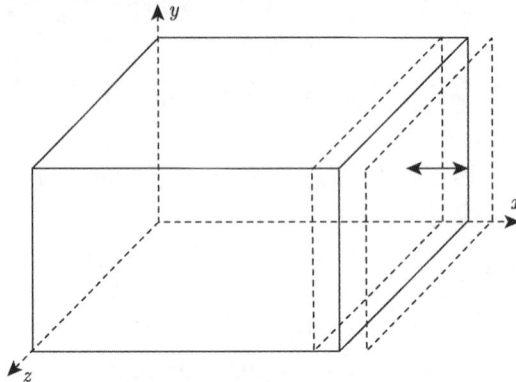

图 1-1　摆动墙混响室原理示意图

2) 漫射体混响室

1997 年，Petirsch 等提出将建筑声学中对声波反射的 Schroeder 漫射体用于改善混响室内电磁波的谐振，原理如图 1-2 所示，并用数值方法分别计算了带有和不带有漫射体的混响室内场的分布情况。仿真结果表明漫射体改善了混响室内场的均匀性。瑞典的 Magnus 等通过 FDTD 数值模拟仿真也得出了使用漫射体可以降低混响室的最低可用频率 (Lowest Useable Frequency，LUF) 的结论。这种设计思想其实与 1994 年 Marvin 等提出的利用墙面上规则突起的不规则布置达到对电磁波漫反射的相位反射栅 (Phase Reflection Grating) 思想具有异曲同工之处，相位反射栅的基本原理如图 1-3 所示。

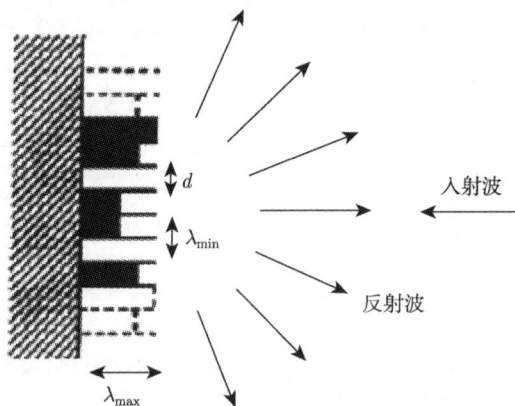

图 1-2　漫射体混响室原理示意图

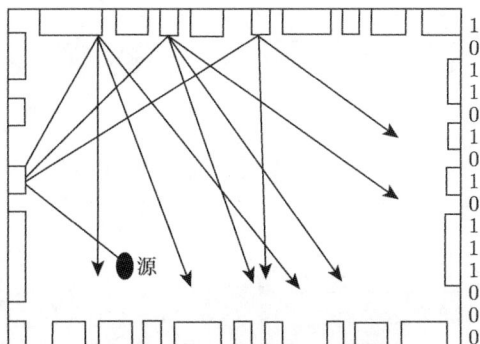

图 1-3　相位反射栅原理示意图

3) 波纹墙混响室

1998 年，Godfrey 等提出了一种波纹墙的混响室结构方案，在一个小型混响室内 (1.8m×1.2m×0.8m) 研究了采用波纹墙后对场均匀性的影响，考察的频率范围为 150~650MHz，试验分别在平面铝墙和钢波纹墙混响室内进行，对比两种条件下的测试数据表明波纹墙有利于改善混响室内的场均匀性。波纹墙混响室原理如图 1-4 所示。

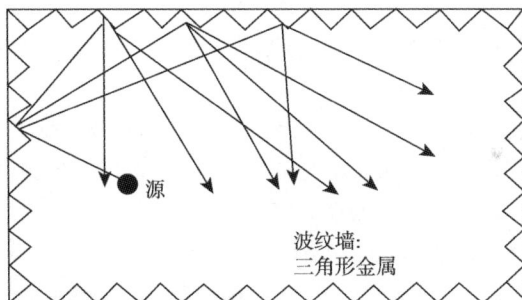

图 1-4　波纹墙混响室原理示意图

4) 本征混响室

1998 年，Leferink 等设计了一种新型混响室，它没有任何两个墙面是平行的，只有一个壁面垂直于其他墙面，混响室的长、宽、高尺寸不成简单比例，且在室内某些位置安装漫射体，结构如图 1-5 所示。研究结果表明，其在没有使用机械搅拌器的情况下产生了统计均匀的电磁场，使得测试时间相对于机械搅拌混响室而言大幅度减少。2000 年，Leferink 等又提出了一种新的固有混响室设计思想，它是将混响室的六面墙壁用柔软的导电材料做成，将其支在稳固的构架上，通过振动一个或多个支架使一面或多面墙壁不断摆动，改变混响室内的模结构，建造振动型固有混响室 (Vibrating Intrinsic Reverberation Chamber)，该设计思想与摆动墙混响室类似。

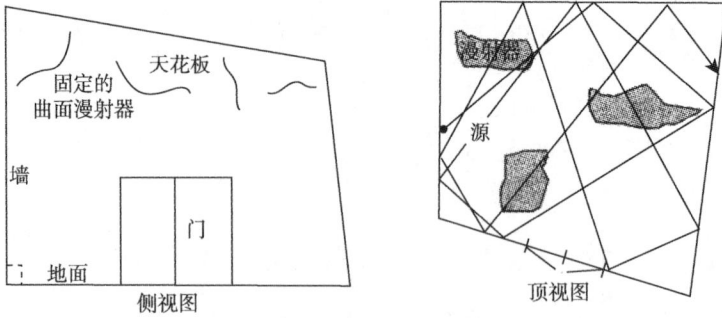

图 1-5 本征混响室原理示意图

值得注意的是：无论是漫射体混响室、波纹墙混响室，还是本征混响室，其主要作用都是在相同几何尺寸的条件下降低混响室的最低可用工作频率、改善场分布的均匀性。如果混响室中没有随时间变化的因素，原则上不能实现场分布的各向同性，在其内部进行电磁辐射效应测试时，除非改变被试设备的空间取向和位置，一般难以测定其临界干扰、损伤场强。因此，上述混响室中一般也要安装机械搅拌器，通过多因素共同调节，获得高性能的电磁混响室。

1.2 机械搅拌电磁混响室基本结构

机械搅拌电磁混响室主要由主体结构、信号发射系统、测试系统和控制系统四部分构成，典型混响室结构如图 1-6 所示。通过一个或多个金属机械搅拌器来改善空腔内部的场均匀性，以获得空间统计均匀、各向同性、随机极化的电磁环境；搅拌器的搅拌方式分为连续搅拌和步进式搅拌两种。

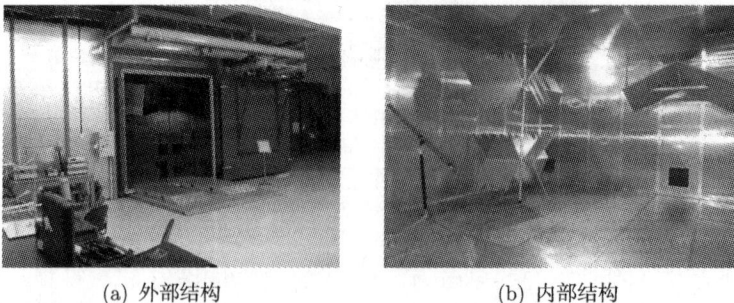

(a) 外部结构　　　　　　　　　(b) 内部结构

图 1-6 典型混响室结构照片

1.2.1 混响室主体结构

混响室主体包括屏蔽腔体和机械搅拌器。屏蔽腔体必须含有屏蔽门、照明系

统、通风换气系统、动力电和不少于 2 个的接口板。

1) 屏蔽腔体

机械搅拌电磁混响室一般采用矩形立方体结构，腔体的长、宽、高尺寸不成简单比例，尽可能降低简并模的数量以提高场均匀性；腔体内表面应采用高导电性的非磁性金属材料，以降低腔体表面电磁损耗，提高混响室的归一化场强 (单位输入功率激发的电场强度)。

屏蔽门的宽度一般为均匀场测试区宽度的 1/2 左右，以便于被试设备进出混响室。小型混响室一般采用手动屏蔽门，大型混响室一般采用电控气动屏蔽门，屏蔽门与门框的接合处宜采用 U 形或 E 形结构，接合面应光滑、平整，并采用指形簧片接触，凹槽中宜安装弹性导电材料制作的衬垫以最大限度地消除空隙，提高接合处的屏蔽效能。

混响室应安装电源滤波器并良好接地，一般照明电与动力电应分别设置电源滤波器，避免相互干扰。照明应采用没有电磁辐射的灯具，降低对混响室内环境的污染。

大型混响室应安装通风换气系统，通风系统可采用多个蜂窝波导窗自然通风，而换气系统必须通过端部安装蜂窝波导窗 (与屏蔽腔体良好接触) 的密闭管道强制换气。对于用于机动车辆测试的混响室，还应安装专用的排气设施，防护混响室内大气污染。

蜂窝波导截止频率 f_c 与波导的结构和尺寸有关。

圆形波导：$f_c = 17.6/D(\text{GHz})$，D 为波导内直径，以 cm 为单位。

正六角形波导：$f_c = 15.0/W(\text{GHz})$，W 为波导内壁的外接圆直径，以 cm 为单位。

矩形波导：$f_c = 15.0/a(\text{GHz})$，a 为波导的宽度，以 cm 为单位。

低于截止频率的电磁波在波导中传播时以指数规律衰减，只有当混响室的最高可用频率 $f \ll f_c$ 时，才能得到有效的传输衰减。工程上一般取波导的截止频率为混响室最高可用频率的 5~10 倍。波导的长度决定其屏蔽效能，工程上一般取 6~10cm。

接口板分别用于不同频段射频、微波功率的输入和监视、测量、控制信号的传输。

2) 机械搅拌器

机械搅拌器一般由水平或竖直转轴及其附带的金属反射器构成，通过电机控制以步进或连续方式旋转。其作用是不断改变谐振腔内电磁波的边界条件，使电磁波模式分布产生变化，在一个旋转周期内形成随机极化、统计均匀、各向同性的电磁环境。因此，搅拌器设计是否合理、有效，直接影响到混响室的最低可用频率和场均匀性。

从电磁波传播特性看，无论是混响室墙壁、搅拌器还是谐振腔内的其他良导体，均会对发射天线馈入谐振腔内的电磁波进行反射或散射。由于良导体吸收损耗很小，经过多次反射的信号相互叠加，使部分区域功率密度大幅度提高，实现小功率激发高场强的目的；而有些位置则可能因反相叠加使场强削弱，导致谐振腔内电磁场分布极不均匀。虽然多模分布波峰、波谷错落叠加，在一定程度上能够消弱场分布的不均匀性，但确定的电磁场分布使空间任一位置处的电场极化方向都是固定的，各向同性、随机极化是难以实现的。通过搅拌器的转动，随机改变搅拌器的反射和散射，使腔体内部电磁场模式及其分布随机变化，导致腔体内部场强最大、最小点的位置以及任一位置处的电磁场极化方向均随机发生变化，使测试区域内任一位置处的最大场强均能达到期望值，形成统计意义上的场均匀性和各向同性。

为改善混响室的低频场均匀性，机械搅拌器的几何尺寸不能太小，否则电磁波在桨叶附近发生绕射，难以实现电磁场的有效搅拌。通常认为搅拌器的总长度应不小于最低可用工作频率对应波长的 2 倍，桨叶的几何尺寸至少为最低可用工作频率对应波长的 1/4，每一搅拌器的总长度不应小于混响室平行边长的 3/4。另外，在搅拌器旋转一周的过程中，混响室内不应出现相同的场分布，即搅拌器的桨叶不应相对于转轴均匀分布，每一桨叶的形状尽量有所区别。

搅拌器根据桨叶结构分为直叶、折叶和齿叶等类型，如图 1-6(b) 所示。其中，直叶搅拌器成本较低，但搅拌效果欠佳，一般很少使用；折叶和齿叶搅拌器需要较强的动力控制系统来支撑，但低频搅拌效果较好。综合考虑性价比，目前折叶搅拌器应用较多，齿叶搅拌器往往与直叶、折叶搅拌器配合使用，以提高搅拌效率，尤其是低频搅拌效率。

搅拌器虽然有各种形状，但均需遵循以下原则：

(1) 搅拌器长度不应小于混响室对应边长的 3/4；

(2) 搅拌器的旋转半径不应小于最低可用工作频率对应波长的 1/4；

(3) 搅拌器优先选择非对称结构，以保证搅拌器转动过程中混响室内电磁场不出现相同的边界条件；

(4) 为增加测试空间，搅拌器通常应安装在角落位置。除特大型混响室外，搅拌器的数量以 1~3 个为宜，且按边长从大到小的顺序安装。

对于连续旋转模式工作的混响室，搅拌器旋转速率直接影响混响室在低频段的搅拌效果和场均匀性。通常搅拌分为恒速和变速 2 种模式。理论上讲，搅拌速率越高，场均匀性越好。但搅拌器高速转动必须有大功率、高转速电机驱动，这导致建设成本增加。因此，标准规定混响室搅拌器的转速一般应控制为 10~30r/min。

1.2.2 信号发射系统

信号发射系统是混响室内营造电磁环境的激励源，一般由射频、微波信号发生器，宽带功率放大器，辐射天线，双定向耦合器，双通道功率计等组成，如图 1-7 所示。根据测试频率的要求，利用射频、微波信号发生器产生所需的单频、调频或脉冲调制信号，经相应的宽带功率放大器进行功率放大后，由双定向耦合器给辐射天线馈电。为提高天线的辐射效率，混响室工作于低频段时一般采用对数周期天线或堆叠天线，高频段时则采用双脊喇叭天线。功率计经双向耦合器准确测量宽带功率放大器的前向功率和反射功率，监视信号发射系统的工作状态。一般要求反射功率比前向功率低 3dB 以上。

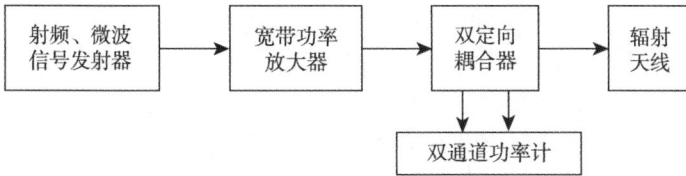

图 1-7 信号发射系统构成

信号发射系统中，除了辐射天线外，其他设备均处于混响室屏蔽腔体的外部，射频、微波功率通过同轴电缆或微波波导经接口板给辐射天线馈电。由于宽带功率放大器等相关设备本身均能符合电磁发射限值要求且本身抗电磁干扰能力较强，按图 1-6(a) 所示在开放空间放置即可，不必专门设置屏蔽室，以降低建设成本且便于宽带功率放大器散热。

到达空间任一点的电磁波包括直射波和反射、散射波，天线辐射后未经腔体墙壁、搅拌器反射或散射的电磁波为直射波，它随距天线距离的增加而减弱，到达测试区不同位置的场强并不均匀且不随搅拌器的转动改变，是导致测试区场均匀性变差的主要影响因素之一。而经过腔体墙壁、搅拌器反射、散射的电磁波，到达测试区域的强度是随机变化的，它们受搅拌器转动的影响，在腔体内产生随机分布、统计均匀的电磁场。因此，混响室内应尽量降低直射波对测试区域场强的贡献。一般来说，辐射天线的辐射方向应背对测试区，最好对准腔体三面的夹角处，使直射波经反射后变为传播方向分散的电磁波。

1.2.3 测试系统

混响室的测量系统主要完成功率测量、场强测量、场均匀性评价和效应试验时的信号检测、故障监视。

1) 功率测量

功率测量系统主要由接收天线、单定向耦合器、大功率吸收负载和频谱分析仪组成，主要用于辐射发射测试及混响室校准时信号的接收。根据接收功率的高低，可选择采用图 1-8 所示的某种不同方案进行构建。

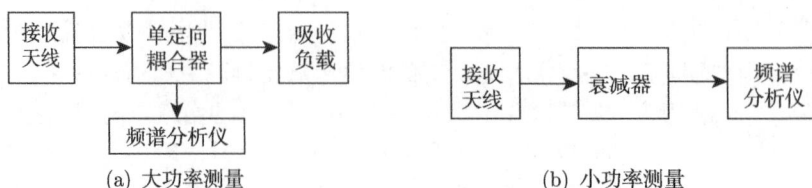

(a) 大功率测量   (b) 小功率测量

图 1-8   功率测量方案

特别值得注意的是：功率测量时仅接收天线位于混响室内指定区域，其他设备置于混响室外，通过测量接口板与接收天线相连。混响室在高场强状态校准时，必须采用图 1-8(a) 所示的方案构建功率测量系统且选择合适的定向耦合器，以免因接收天线输入功率过大损伤频谱分析仪。

无论是有意电磁发射还是无意电磁发射，采用混响室均能够比较准确地测试被试设备的辐射发射功率及其辐射频谱分布，但不能确定辐射发射的方向性。

2) 场强测量与场均匀性评价

混响室内部电磁场分布统计均匀，但具体到搅拌器处于某一特定位置时的场分布则具有很大的波动性，不同场点的电场强度并不相同。为准确评价混响室内部场分布的均匀性，避免用较大区域的电场强度平均值代表某一位置电场强度导致的场均匀性评价结果偏好的问题，考虑到混响室主要用于强场电磁环境模拟，因此混响室内场强测试要求测试探头体积小、场强测量范围宽、对被测电磁场扰动小且能够耐受强场辐照、能够实现三维测量。基于上述要求，混响室中场强测量最常用的仪器是光纤传输式电磁场强测试仪，如图 1-9 所示。

图 1-9   典型光纤传输电磁场强测试仪与测试探头

根据测试探头的原理不同，电磁场强测试仪既可以测试电场强度，也可以测试磁场强度、磁感应强度，也可显示功率密度；测试仪的工作频率范围取决于配置的测试探头，不同的探头可以涵盖 25Hz~40GHz 的频率范围。低频电磁场一般用磁场探头测试，也可用电场探头测试，高频电磁场一般仅用电场探头测试。

连续波电磁场强计一般配置三维电场、磁场探头，探头通过检波将场信号转换为电信号，经电-光转换后以模拟或数字信号通过光纤进行远距离传输，到达接收机或便携式计算机接口后再进行光-电转换，最终由计算机通过 USB 接口或 RS-232 接口读出三维场强数值进行处理和显示。

3) 效应试验时的信号检测、故障监视

被试设备不同，效应信号的检测要求也不相同。一般来说，专用信号检测设备随被试设备配置，效应实验时测试信号以有线或光纤形式传输到混响室外进行测量或显示。

混响室一般配置点对点模拟信号光纤传输链接作为通用检测设备，测量范围一般不高于 5V。当测量信号有可能超过测试量程时，应采用衰减器进行衰减。

由于混响室主要用于高强度电磁辐射效应试验，试验人员不能位于混响室内。为实时观测被试设备的工作状态，需安装电视摄像监视设备，包括摄像机、云台、光纤传输系统、光接收机以及显示器、控制器等，一般应选择能够耐受 500V/m 以上场强的摄像与传输转换一体机。

1.2.4 控制系统

IEC61000-4-21 标准给出的混响室典型配置如图 1-10 所示，控制系统包括搅拌器控制和仪器设备控制两部分。

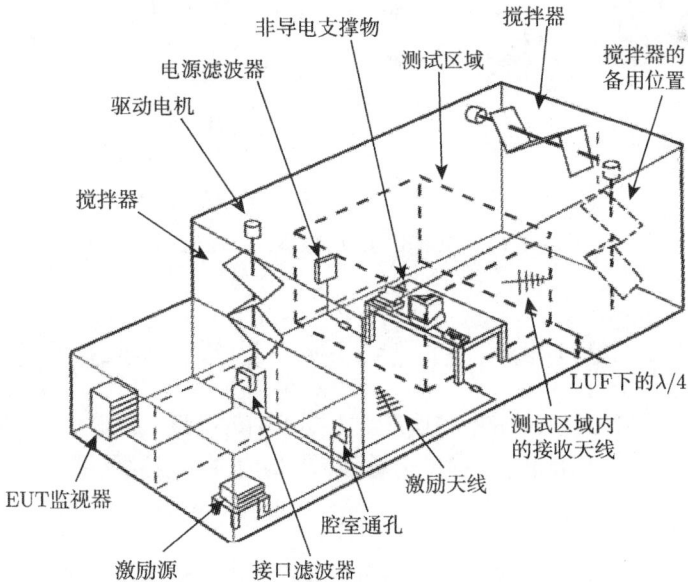

图 1-10 混响室典型配置图

搅拌器由步进电机驱动，在步进电机控制器的控制下按要求进行步进或连续转动。

控制与数据处理设备：用于对所有设备的控制和所有数据的处理，在计算机的统一控制下，完成混响室的环境模拟、效应试验和相关测试功能。

混响室与外部设备连接配置如图 1-11 所示，在计算机控制下改变信号发生器的工作频率、输出功率和功率放大器的增益，实现混响室内电磁辐射强度的连续调节；同时，双通道功率计将前向功率和反射功率数值反馈给计算机，监视混响室信号发射系统的工作状态；场强计测试数据送入计算机用于评价混响室内部场均匀性或表征被试设备的电磁辐射敏感度；接收天线的接收功率通过频谱分析仪送入计算机用于混响室校准或被测设备电磁发射功率测量等。

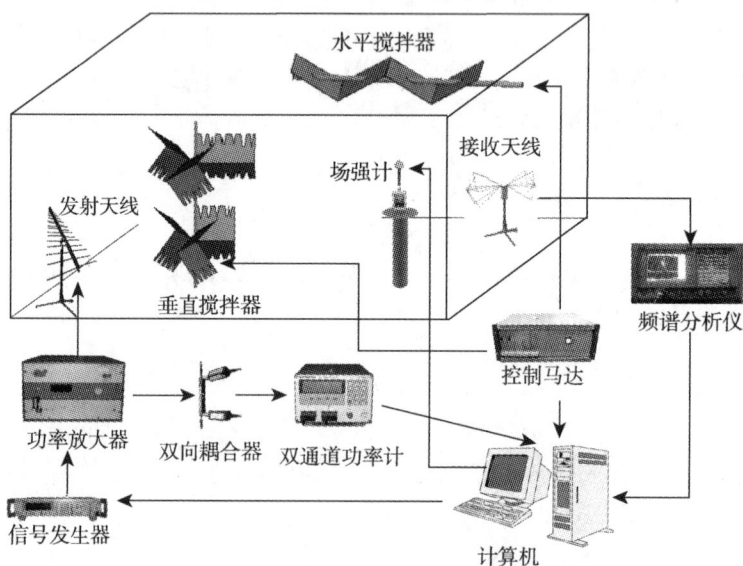

图 1-11　混响室与外部设备连接配置图

1.3　表征混响室性能的基本参量与确定方法

表征混响室性能优劣的基本物理参量主要包括模密度、品质因数、品质因数带宽、时间常数、最低可用频率、归一化场强、场均匀性和最大可用测试空间等。

1.3.1　谐振腔的模密度

根据谐振腔理论，兰德波利 (Ladbury) 曾经推导了长宽高分别为 L、D、W 的长方体谐振腔内对应工作频率 f 的累积模式数计算公式：

$$N \approx \frac{8\pi}{3} \cdot LWH \cdot \left(\frac{f}{c}\right)^3 - (L+W+H) \cdot \frac{f}{c} + \frac{1}{2} \tag{1-1}$$

式中，c 表示光速。

由式 (1-1) 可知，随着腔体工作频率的升高，腔体内能够存在的模式数迅速增加。将模式数对频率求导，可得谐振腔内单位频率间隔内能够存在的模式数，即模密度 $\partial N/\partial f$：

$$\frac{\partial N}{\partial f} \approx 8\pi \cdot LWH \cdot \frac{f^2}{c^3} - (L+W+H) \cdot \frac{1}{c} \tag{1-2}$$

由式 (1-2) 可知，随着频率的升高，模密度也越来越大。图 1-12 给出了 IEC61000-4-21 标准中样本混响室内的谐振模式随频率的分布情况，其中竖线表示对应的横轴频率点为混响室谐振频点，此时存在谐振模式；开口向下抛物线包络内的竖线表示混响室工作于 110MHz 时，落入 110MHz 频点带宽内的谐振模式。由图 1-12 可知，与式 (1-1) 和式 (1-2) 的理论计算公式一致，腔体内模式数随着频率的升高迅速增多，模式密度不断增大。

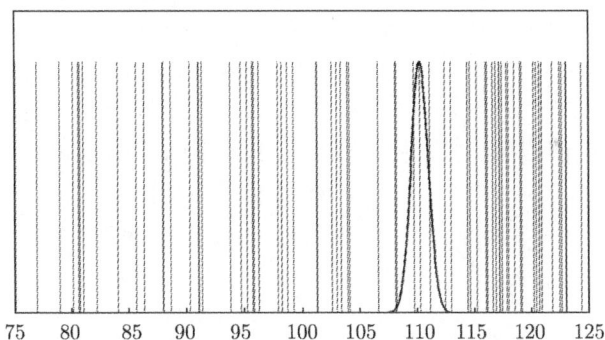

图 1-12　IEC61000-4-21 标准中样本混响室内模式随频率的变化

为了满足混响室内测试空间场均匀性的要求，混响室工作时腔体内能够存在的模式数不能太少。一般要求混响室的最低可用频率不低于谐振腔最低谐振频率的 3 倍，或谐振腔内至少拥有 60 以上的可能存在的谐振模。

1.3.2　品质因数及其测量方法

混响室品质因数 Q 是衡量混响室环境模拟能效的重要指标，也是衡量混响室总体储存能量的重要指标。Q 值越大，表示混响室储能能力越强，单位输入功率能够激发的电磁环境场强越高。Q 值定义为腔内的储能 U 与一个周期内谐振腔中耗

能 W_{L} 之比的 2π 倍，即

$$Q = 2\pi \frac{U}{W_{\mathrm{L}}} = 2\pi \frac{wV}{W_{\mathrm{L}}} = 2\pi \frac{wV}{P_{\mathrm{L}}T} = \frac{\omega wV}{P_{\mathrm{L}}} \tag{1-3}$$

式中，P_{L} 为腔内损耗功率，即混响室达到稳定状态时信号发射系统的辐射功率；ω 为电磁波的角频率；V 为混响室体积；w 为混响室内的平均能量密度。由于电场能量密度与磁场能量密度相同，故

$$w = \varepsilon_0 \langle E \rangle^2 \tag{1-4}$$

式中，ε_0 表示真空中的电容率；$\langle E \rangle$ 代表混响室内电场强度的有效值。

一般依据 IEC61000-4-21 标准给出计算式进行 Q 值的测试：

$$Q = \frac{16\pi^2 V}{\eta_{\mathrm{Tx}} \eta_{\mathrm{Rx}} \lambda^3} \left\langle \frac{P_{\mathrm{AveRec}}}{P_{\mathrm{Input}}} \right\rangle_n \tag{1-5}$$

式中，V 代表混响室体积 (m^3)；λ 为工作波长 (m)；$P_{\mathrm{AveRec}}/P_{\mathrm{Input}}$ 表示搅拌器旋转一周后的平均接收功率与输入功率之比；$\langle \ \rangle_n$ 表示对 n 个天线位置和指向进行平均；η_{Tx} 和 η_{Rx} 分别表示发射和接收天线的效率，若厂商提供的数据不可用，则对数周期天线的效率可视为 0.75，喇叭天线为 0.9。

由于理论计算品质因数时无法准确给出混响室的实际损耗功率 (如孔缝、介质等损耗)，从而导致 Q 值的理论计算结果往往远高于实际测试值。

图 1-13 给出了美国惠普公司混响室 $(20\mathrm{m} \times 14.7\mathrm{m} \times 8\ \mathrm{m})$ 理论计算与实测品质因数的比较，理论值与实测值之比为 5~15。类似的结果也出现在南澳大利亚国防科技机构混响室 $(20.85\mathrm{m} \times 10.89\mathrm{m} \times 6.0\mathrm{m})$ 品质因数测试中，如图 1-14 所示。由此可见，利用式 (1-5) 计算混响室的品质因数具有很大的误差，难以指导混响室设计时宽带功率放大器的选配。

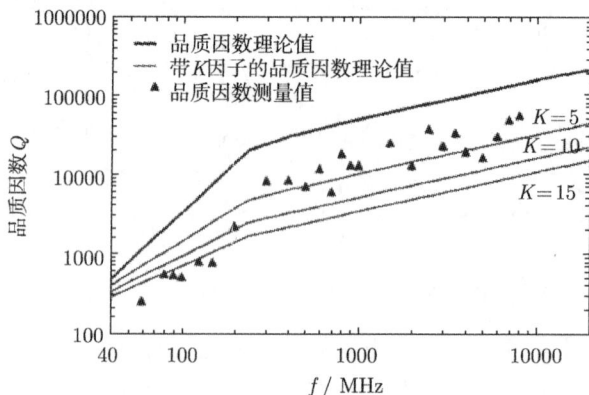

图 1-13　美国惠普公司混响室理论、实测品质因数比较

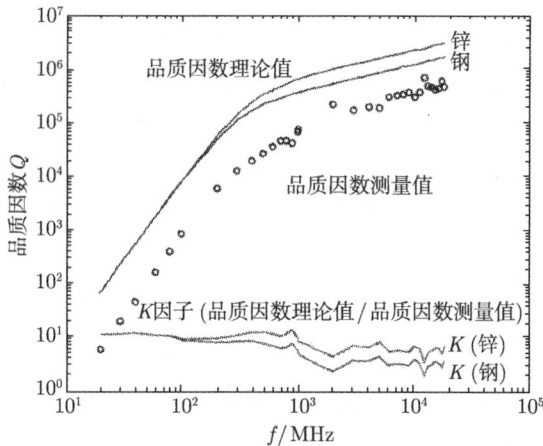

图 1-14 南澳大利亚国防科技机构混响室的品质因数

1.3.3 品质因数快速计算方法

尽管 IEC61000-4-21 标准给出了混响室品质因数的一种准确测试方法, 但该方法需要测得搅拌器步进一周后的平均功率插入损耗, 这就要求测得每一个搅拌器位置下的功率插入损耗。因此, 虽然该方法保证了品质因数的计算精度, 但效率极低。Robinson 和 Clegg 也给出了混响室品质因数的一个准确计算方法, 该方法通过对离散频率响应进行线性插值或二次方程曲线拟合, 获得半功率频宽, 进而求得精确的品质因数值, 不过该方法需要极高的频率分辨率。在计算电磁学中, 较高的频率分辨率则意味着长时间的数值计算, 因此该方法的计算效率也不高。为此, 下面介绍一种简单高效的品质因数计算方法。

1) 理论推导

由混响室品质因数的定义式 (1-3) 可知, Q 值可表示为

$$Q = \frac{\omega \varepsilon_0 \int_0^L \int_0^W \int_0^H |E|^2 \mathrm{d}x\mathrm{d}y\mathrm{d}z}{2P_{\mathrm{L}}} \tag{1-6}$$

注意: 此时式中 $|E|$ 表示场强的幅值, 而非有效值。

当混响室达到稳态时, 输入功率 P_{Input} 等于损耗功率 P_{L}:

$$P_{\mathrm{Input}} = P_{\mathrm{L}} \tag{1-7}$$

$|E|$ 对输入功率的归一化值也称归一化场强 $|\overline{E}|$, 可表示为

$$|\overline{E}| = \frac{|E|}{\sqrt{P_{\mathrm{Input}}}} = \frac{|E|}{\sqrt{P_{\mathrm{L}}}} \tag{1-8}$$

将式 (1-8) 代入式 (1-6)，可得

$$Q = \frac{1}{2}\omega\varepsilon_0 \int_0^L \int_0^W \int_0^H |\overline{E}|^2 \mathrm{d}x\mathrm{d}y\mathrm{d}z \tag{1-9}$$

考虑到混响室中搅拌器的步进旋转，式 (1-9) 可以表示为

$$Q = \frac{1}{2}\omega\varepsilon_0 \left\langle \int_0^L \int_0^W \int_0^H |\overline{E}|^2 \mathrm{d}x\mathrm{d}y\mathrm{d}z \right\rangle = \frac{1}{2}\omega\varepsilon_0 \int_0^L \int_0^W \int_0^H \left\langle |\overline{E}|^2 \right\rangle \mathrm{d}x\mathrm{d}y\mathrm{d}z \tag{1-10}$$

式中，$\langle\,\rangle$ 表示对搅拌器旋转一周的统计平均值。

当混响室处于过模状态且具备高效率的搅拌器时，在固定边界条件下的腔体内所有点的电磁场有效均值与混响室测试区域内每一点电磁场在一个搅拌周期内的有效值是相等的。即同一时刻、单一边界条件下，电磁场的空间有效均值与测试区域任一点在一个搅拌周期内的时间有效均值相等，时间平均与空间平均等价。因此，式 (1-10) 可以简化为

$$Q = \frac{1}{2}\omega\varepsilon_0 V \left\langle |\overline{E}|^2 \right\rangle \tag{1-11}$$

式中，V 表示混响室体积。

在数值计算中，如果式 (1-11) 中的 $\left\langle |E|^2 \right\rangle$ 被视为"全体"平均值，则需要对搅拌器步进一周共 N 个混响室模型进行数值计算，这样，计算量与 IEC61000-4-21 标准中所给方法的计算量一样。但是，如果 $\left\langle |E|^2 \right\rangle$ 被视为混响室单一边界条件下测试区域内多点的场强平均值，则只需要对一个混响室模型进行数值计算。因此，后者相对前者节约了近 N 倍的仿真时间。更为重要的是，在数值计算中设置采样点显然比搅拌器旋转更容易实现。

因此，通过推导得到的式 (1-11) 及将 $\left\langle |E|^2 \right\rangle$ 视为测试区域内 N 点场强的平均值，可实现混响室品质因数 Q 的快速简便计算。相比 IEC61000-4-21 标准中搅拌器需步进 N 个位置计算 Q 值的方法，该方法可使计算时间下降至标准方法计算时间的约 $1/N$。

2) 方法验证

根据式 (1-11) 仿真计算图 1-6 所示混响室 (10m×8m×4.3m) 的品质因数 $Q_\text{新}$，计算中将 $\left\langle |E|^2 \right\rangle$ 视为测试区域内多点场强的平均值，工作区域内设置 200 个采样点；采用式 (1-5) 所示标准中所给方法计算并实测品质因数 $Q_\text{标}$、$Q_\text{实测}$，搅拌器步进一周共 49 个位置。$Q_\text{新}$、$Q_\text{标}$ 以及 $Q_\text{实测}$ 如图 1-15 所示。

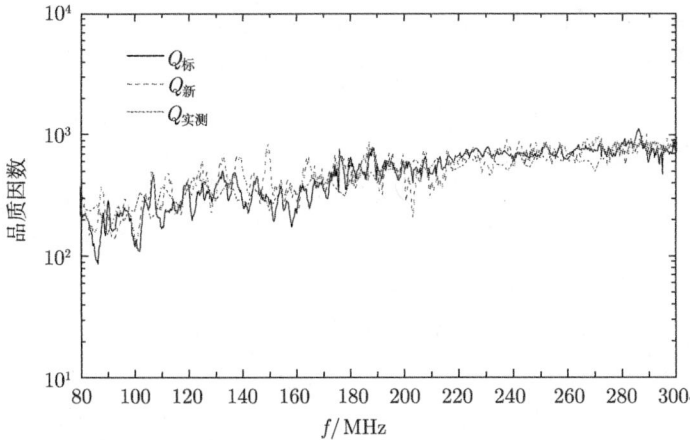

图 1-15 品质因数计算与实测结果比较

由图 1-15 可知，$Q_新$ 与 $Q_标$ 有较好的一致性，并且由于搅拌器的步进数少于电场采样点，$Q_新$ 比 $Q_标$ 的振荡幅度要小，整体更为平稳。又由图 1-15 可知，$Q_新$、$Q_标$ 以及实测结果 $Q_实测$ 三者随着频率的增加皆振荡上升，且大小也非常接近，以上现象说明了基于腔体内场强平均值的品质因数快速计算方法的正确性。

1.3.4 品质因数带宽

由于混响室内存在能量耗散，那么一个给定的波模就有一定的寿命，通常模的寿命定义为模振幅的平方衰减到它的初始值的 $1/e$ 时所需要的时间，用 t_p 表示，即

$$P_t = P_0 \exp(-t/t_p) \tag{1-12}$$

式中，P_0 代表模的初始功率。在电磁波一个周期时间 T 后，混响室的耗散功率为 $P_L = P_0 - P_T$。根据混响室品质因数定义式，可得

$$Q = 2\pi \frac{P_0}{P_0 - P_T} = 2\pi \frac{1}{1 - \exp(-T/t_p)} \approx \frac{2\pi}{T} t_p = 2\pi \frac{c}{\lambda} t_p \tag{1-13}$$

由此可得

$$t_p = \frac{\lambda Q}{2\pi c} \tag{1-14}$$

由于模有一个有限的寿命，每一个模就必然有一个宽度，它等于品质因子带宽，设为 Δf。根据测不准关系，有

$$\Delta \omega t_p = 2\pi \Delta f t_p \approx 1 \tag{1-15}$$

于是得到品质因子带宽：

$$\mathrm{BW}_Q = \Delta f = \frac{1}{2\pi t_p} = \frac{f}{Q} \tag{1-16}$$

1.3.5   混响室时间常数

混响室的时间常数在混响室的性能测试时是一个重要的参数。当关闭混响室的发射源后的某一时刻，设混响室的储能为 U，单位时间混响室消耗的能量为 P_L，根据品质因子 Q 的定义

$$Q = \frac{\omega U}{P_L} \tag{1-17}$$

$$P_L = \frac{\omega U}{Q} \tag{1-18}$$

关闭混响室发射源后，假定能量损耗与时间 dt 成正比，则有

$$dU = -P_L dt = -\frac{\omega U}{Q} dt \tag{1-19}$$

对式 (1-19) 积分并设刚关闭发射源 $(t=0)$ 时混响室储能为 U_0，那么

$$U = U_0 \exp\left(-\frac{\omega}{Q}t\right) \tag{1-20}$$

当混响室的储能下降为初始值的 $1/e$ 时所需要的时间定义为混响室的时间常数 τ，则

$$\tau = \frac{Q}{\omega} = \frac{QT}{2\pi} \tag{1-21}$$

混响室的时间常数不仅反映了混响室内电磁能量耗散的快慢，也是混响室内电磁环境构建效率、电磁场达到稳定状态快慢的标志。例如，意大利马尔凯理工大学的 Mogile 用 FDTD 方法计算了不同材料混响室 (3m×4m×2.5m) 内电场建立的时间曲线，发现：对于铜材混响室，电场建立时间为 28~32μs; 而对于铁材混响室，电场建立时间只需 6~10μs。这是因为铜材混响室损耗小，Q 值较大，也即电磁场在建立过程中需要更多的时间才能达到平衡，但电磁环境构建效率较高，能够以较低的输入功率激发较强的电磁环境；相反，铁材混响室由于损耗较大，导致 Q 值小，电磁场可以很快地在混响室内建立平衡，但电磁环境激发效率较低。

此外，时间常数也是判断混响室能否快速响应脉冲调制波形并进行脉冲效应测试的依据，它决定了脉冲调制测试中所采用的最小脉冲宽度。IEC61000-4-21 标准规定，在混响室内利用脉冲调制方式进行辐射抗扰度测试时，若混响室的时间常数在超过 10% 以上的测试频点上都大于调制试验波形脉冲宽度的 40%，则无法保证混响室内脉冲场效应测试与无限大空间脉冲场效应测试的相关性，此时则需要增加脉冲宽度；若采取措施降低混响室的品质因数，如在混响室内增加吸波材料，付出的代价是单位输入功率激发的电磁环境场强降低。

值得说明的是：若按标准进行 1kHz 的脉冲调制电磁辐射效应测试，一般混响室都能激发前后沿变宽的脉冲场环境，只有被试设备对场强快速变化不敏感时，混响室内的效应测试结果才能与传统测试方法一致。

1.3.6 最低可用频率

最低可用频率是判定混响室性能的一个重要参数，其值越低就表明混响室性能越好。一般来说，混响室的场均匀性决定于混响室中的模密度、模式数量和搅拌器的搅拌效率，模式数量越多、密度越高，搅拌器的搅拌效率越高，其内的场就越均匀。模式数量随混响室的体积和工作频率的增大而增大，所以混响室的体积是决定其最低可用频率的关键因素，混响室的体积越大，最低可用频率就越低。表 1-1 列出了混响室最低可用频率与其体积的关系。虽然体积的影响很大，但它并非是决定混响室最低可用频率的唯一因素，搅拌器的搅拌效率对混响室最低可用频率的影响也不容忽视。

表 1-1 混响室最低可用频率与体积的关系

体积/m^3	最低谐振频率 f_{110} /MHz	最低可用频率/MHz
17	71	300
29	69	300
38	58	300
80	43	150
107	38	150
170	31	150
290	24	100
594	24	80
1360	15	30-50

目前，对于混响室最低工作频率的选取方法主要有 3 种，且最终计算结果相差不大。第一种认为混响室内应存在至少 100 个模式，混响室才可用；第二种则认为混响室最低可用频率对应的模式密度至少应为 $\partial N/\partial f = 1.5$ 模/MHz；第三种认为最低可用频率应为混响室最低谐振频率的 3~6 倍。对于一个尺寸为 2.9m×8m×4.3m 的混响室，按照以上 3 种方法确定的最低可用频率分别为 250MHz、275MHz 和 212~425MHz。

1.3.7 归一化场强与场均匀性

无论是可能存在的模式数、模密度，还是品质因数、时间常数，都直接或间接地影响着混响室测试空间的场均匀性，混响室的最低可用频率也与混响室的场均匀性紧密相关，它们都是从一个侧面反映了混响室的技术性能，但混响室作为电磁环境模拟设备的最主要技术指标还是归一化场强和场均匀性。

场均匀性是描述混响室测试区域内不同位置电场强度幅值及其三维分量最大值偏离其各自或整体统计平均值的物理量，一般用长方体测试区域边界 8 个顶点的场强测试值进行评价，相关方法参见第 2 章。混响室的建设目标就是在一定的误差范围内，在可用测试空间内生成一个统计均匀的电磁环境。根据 IEC61000-4-21 标准要求，混响室工作频率范围内各个频点的场均匀性标准方差应满足表 1-2 的要求。

表 1-2　混响室场均匀性容差要求

频率范围/MHz	标准差容差要求
80～100	4dB
100～400	由 100MHz 时的 4dB 线性下降到 400MHz 时的 3dB
> 400	3dB

注：每 10 倍频程最多允许 3 个校准频点的标准差超过容差要求且不大于 1dB。

　　混响室在建设验收或大修后都应进行场均匀性校准，由于混响室在高频段的场均匀性相对于低频段容易满足，因此校准的重点是最低可用频率的 10 倍频程频率范围，高于 10 倍频程后作粗略校准。同理，无论是校准还是测试应用，低频工作时搅拌器的采样数 (位置数) 也要远高于高频段，相关要求如表 1-3 所示。

　　混响室单位输入功率激发的电场强度是衡量混响室电磁环境模拟效率的物理量，也称为归一化场强，它是混响室内电场强度与平均输入功率平方根的比值。混响室的品质因数越大，归一化场强越高，电磁环境模拟效率也越高，但可能导致场均匀性下降。

表 1-3　混响室场均匀性校准与测试要求

频率范围	校准和测试中推荐的采样数	最低校准频点数要求
$f_s \sim 3f_s$	50	20
$3f_s \sim 6f_s$	18	15
$6f_s \sim 10f_s$	12	10
$> 10f_s$	12	20/10 倍频程

注：最小采样数为 12；f_s 为混响室最低可用频率；校准频点按对数间隔取。

1.3.8　最大可用测试空间

　　混响室内满足场均匀性要求的最大空间称为最大可用测试空间，制约着混响室内能够测试的被试设备的大小。由于混响室腔体、机械搅拌器等均为良导体，其附近电场与其表面垂直，而测试空间要求电场统计均匀、各向同性、随机极化，因此，测试空间要远离混响室腔体墙壁、搅拌器等。根据标准规定，混响室的测试空间距离混响室腔体墙壁、搅拌器等良导体的最小距离为 LUF 对应的四分之一波长且不小于 0.75m。

　　事实上，混响室内距离良导体多远才能形成各向同性、统计均匀的场分布，主要取决于其电长度 (实际长度与电磁波波长之比)，四分之一波长不能突破，但高频时能否小于 0.75m 则值得商榷。但是，被试设备大多含有金属导体，置入混响室后将导致电磁场分布产生强烈变化，甚至导致最低可用频率提高、场均匀性变差。一般而言，为保证测试准确度，被试设备体积应远小于混响室最大可用测试空间。

1.4 搅拌模式与混响室性能

搅拌器是机械搅拌电磁混响室的重要组成部分。通过搅拌器的旋转，混响室边界条件不断发生改变，腔体内驻波分布不断变化，最终形成统计均匀、各向同性、随机极化的电磁环境。可以说搅拌器的工作效率直接影响着混响室的性能。

1.4.1 连续与步进搅拌模式

1) 连续搅拌模式

搅拌器以某一恒定速率连续转动，在每一测试频率，对每组测量数据进行平均。混响室以连续搅拌模式工作时，扇叶位置变化有无限多个，能够增加测量中所需要的统计特性。但是测量前要确定搅拌器的旋转速度，以保证场稳定性和待测设备有足够的时间来响应迅速变化的电磁场。这种工作模式适合对响应速度快的或者对场的平均效应更敏感的待测设备进行测量，一般用于屏蔽效能测试。

2) 步进搅拌模式

搅拌器以步进的方式转动，使扇叶分别位于不同的位置，测试在一定的频率、不同的扇叶位置下进行，最后对每个频点多搅拌器位置下的测量结果进行统计处理。这种工作模式适合对响应速度慢的待测设备进行测量，一般用于混响室校准、辐射抗扰度和辐射发射测试。

在 2003 年发布的旧版 IEC61000-4-21 标准中，要求搅拌器在低频段需要步进 50 个位置，随着频率升高，步进数可逐渐减少到 12，如表 1-3 所示。2011 年修订后的 IEC61000-4-21 标准对搅拌器的步进数进行了修改：在整个测试频段范围内，要求搅拌器至少步进 12 个位置。但该版本标准明确说明对于大多数混响室，当其工作于低频段时，需要增加步进数以满足混响室的统计均匀性。

1.4.2 同步与异步搅拌

若混响室内配备双搅拌器或多搅拌器，则步进方式有同步搅拌和异步搅拌两种方式。相对于异步搅拌，同步搅拌的搅拌效率较低。意大利马尔凯理工大学的 Mogile 通过实测、仿真分析了配备双搅拌器的混响室 (6m×4m×2.5m) 分别以同步和异步方式步进 360 个位置时的独立位置数，如图 1-16 所示。比较可知，异步搅拌时，搅拌器的独立位置数要远高于同步搅拌的情况，体现了异步搅拌的高效率。当然，异步搅拌的方式也有多种，例如，旋转 360 个位置，可有 20×18、30×12 或可采用 19×17 近似等，一般奇数之间相乘的搅拌效率更高。

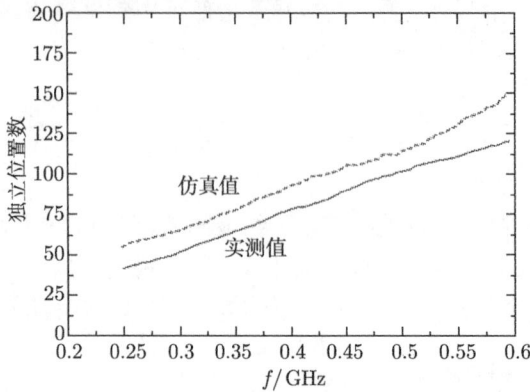

(a) 同步搅拌

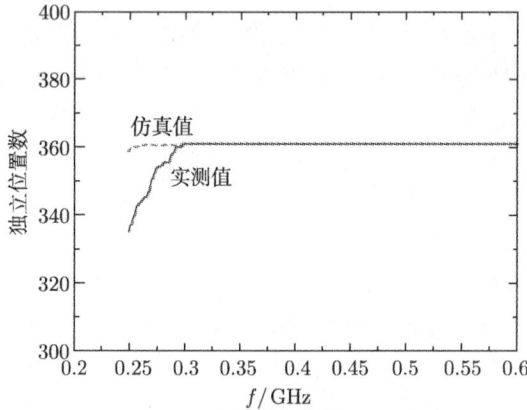

(b) 异步搅拌

图 1-16   同步与异步旋转时的独立位置数

1.4.3   混响室统计均匀场形成本质

　　搅拌器的旋转相当于混响室腔体三维尺寸 L、W、H 的变化。而根据 1.3.1 节的式 (1-1) 和式 (1-2) 可知，L、W、H 的变化必然带来混响室内模式数及模密度的变化，使得落入工作频率带宽内的模式及数量发生变化，从而每个搅拌器位置对应一种场分布。当搅拌器旋转一周后便有足够多的独立场分布样本，每一样本场强峰值出现的位置各不相同，使混响室内不同位置在一个搅拌周期内的场强峰值趋于一致，这便是混响室统计均匀场形成的本质。显然，搅拌器的旋转使得带宽内模式数变化越剧烈，则搅拌器的搅拌效率越高，生成的独立场分布统计样本数越多，混响室的统计均匀特性就越好。在理想状态时，搅拌器的每次步进都会生成一个独立的混响室场分布样本。因此，搅拌器效率是决定混响室性能非常关键的一个因素。

此外，由于高频时谐振腔模密度较大，搅拌器任何一个位置变化都会带来带宽内模式数的剧烈变化，从而使得混响室的统计均匀特性随着频率的升高而改善。相反，低频时，混响室模密度较低，搅拌器效率一般也不佳，场统计均匀特性就比高频时差。因此，低频工作受限是混响室的一个缺陷，如何降低最低可用频率或提高低频段的场均匀性已成为当前混响室研究的一个重难点问题。

1.4.4 混响室性能特征

对于混响室仿真，需要了解混响室的性能特征才能有针对性地选择电磁数值计算方法，开展相关研究。混响室性能特征主要包括以下四个方面。

1) 工作频段较宽

通常需要设计的混响室测试系统具有宽频特性，一般从大约 100MHz 至几 GHz(例如，80MHz~40GHz)。对于宽频系统仿真而言，时域数值算法比频域算法更具有优势。时域算法仅需一次仿真便可获得分辨率极高的宽频段信息，而频域算法则需要以极小的频宽且运行多次才可达到与时域一致的结果。

2) 电大尺寸特性

混响室通常是电大 (相对于最低可用频率对应的波长) 结构，这就意味着大量的网格剖分单元 (每个网格尺寸应不大于工作波长的十分之一，即 $\lambda/10$)。例如，对于尺寸为 10.5m×8.0m×4.3m 的混响室，研究最高频率为 300MHz，FDTD 网格单元三维尺寸设为 0.1m，共剖分 361200 个网格单元。当频率增大 k 倍时，网格单元数量增长 k^3 倍。

3) 腔体的高品质因数特性

混响室的品质因数很高，一般从最低可用频率的几百至高频时的几十万。例如，南澳大利亚国防科技机构混响室 (20.85m×10.89m×6.0m) 品质因数从最低可用频率 (为 47~93MHz) 的七八百变化至 2GHz 时的二十多万，如图 1-14 所示。高品质因数则意味着仿真需要长时间的迭代。

4) 搅拌器旋转导致的混响室结构变化

为形成统计均匀的电磁环境，搅拌器需要步进旋转。对于现有的电磁数值计算方法，无法模拟动态连续旋转的搅拌器，但可用步进离散模式模拟搅拌器的旋转。分析混响室的统计均匀特性或搅拌器效率时，一般需要数十乃至上百个搅拌器位置，每个搅拌器位置对应一个混响室模型，因此就需要对数十乃至上百个混响室模型进行数值计算。如果人工步进搅拌器位置生成如此多的混响室模型，工程量极为浩大，而对于商业的电磁仿真软件，由于不清楚其内部代码也无法实现搅拌器的自动步进。为了实现搅拌器的自动步进旋转，可采用 MATLAB 语言编写 FDTD 算法程序，实现搅拌器的自动步进及混响室模型的自动生成和仿真。

第2章　混响室统计均匀特性评价准则

混响室场均匀性与传统电磁环境模拟设备的场均匀性具有本质的不同，在同一时刻其测试空间各点的场强大小不一、极化方向不同，单纯看某一状态其内部电磁场是不可能均匀的。但是，从统计的观点看，考虑搅拌器旋转一周出现的多个电磁场分布状态，不同位置的电磁场分布则可能趋于一致。如何评价混响室内电磁场的统计均匀性，涉及多方面的理论知识。

当混响室处于工作状态时，搅拌器通过步进旋转不断改变腔体内的电磁边界，从而造成场分布以及模式的统计性变化。搅拌器每次步进时所造成的统计性变化越显著，搅拌器所提供的不相关位置数就越多，混响室内场强分布就越具有统计均匀性。因此，搅拌器不相关位置数是评价混响室搅拌效率的重要参数，然而搅拌器独立位置数的传统计算方法却存在诸多缺陷。本章将系统地分析现有准则中存在的缺陷，并提出一种基于信息熵与多维数组的搅拌器有效独立位置数计算新准则。在新准则中，利用不同搅拌器位置下接收功率相关系数的新算法，修正传统计算中维度信息缺失的缺陷；利用基于信息熵的相关性量化新方法，准确地度量接收功率数据中有效的不相关信息，解决了采用传统计算方法时相关性量化结果估计过高的问题。

2.1　场均匀性评价方法

关于混响室场均匀性的评价，目前有很多方法，但大体上可分为经验方法和理论统计规律两大类。

2.1.1　场均匀性的经验评价方法

1) 接收功率稳定性评价方法

该方法以搅拌器处于不同位置时测试区域天线的接收功率稳定性作为评价依据。固定混响室发射天线的激励功率，在混响室可用测试空间内放置接收天线，在搅拌器旋转一周后，计算混响室内接收天线的最大接收功率与平均接收功率的比值，如果该比值稳定在 8dB 以内，则认为混响室的性能合格。

该方法采用天线作为电磁场测量手段，反映的是有限区域内电磁场分布的综合情况，在一定程度上掩盖了电磁场分布的不均匀性，测试误差相对较大，一般不建议采用该方法评价混响室内的场均匀性。

2) 最大场强评价方法

该方法以搅拌器旋转一周过程中，混响室最大可用测试空间 (长方体)8 个顶点的最大电场强度作为评价依据。以最大可用测试空间 8 个顶点的场分布均匀性代表测试区域的场均匀性，具有较高的可信度，是 IEC61000-4-21 标准推荐的评价方法。

在搅拌器步进一周的各种搅拌状态下，测试记录最大可用测试空间 8 个顶点位置在三维正交轴上的最大电场强度 $E_{\mathrm{max}ik}$(i 代表正交轴 x、y、z 方向，k 代表顶点位置 1~8) 及平均输入功率 P_{Input}，求出各顶点处 $E_{\mathrm{max}ik}$ 对 P_{Input} 的归一化最大电场强度值：

$$E_{ik} = E_{\mathrm{max}ik}/\sqrt{P_{\mathrm{Input}}} \tag{2-1}$$

分别对 E_{ik} 在 8 个顶点位置求平均值 $\langle \overline{E_i} \rangle_8$ 及对 E_{ik} 在 8 个顶点、每个顶点 3 个正交轴位置求平均值 $\langle \overline{E} \rangle_{24}$：

$$\langle \overline{E_i} \rangle_8 = \frac{1}{8} \sum_{k=1}^{8} E_{ik} \tag{2-2}$$

$$\langle \overline{E} \rangle_{24} = \frac{1}{24} \sum_{i=1}^{3} \sum_{k=1}^{8} E_{ik} \tag{2-3}$$

求出各正交轴归一化最大电场值标准偏差：

$$\sigma_i = \sqrt{\frac{\sum\limits_{k=1}^{8} \left(E_{ik} - \langle \overline{E_i} \rangle_8\right)^2}{8 - 1}} \tag{2-4}$$

8 个顶点、每个顶点 3 个正交轴的归一化电场最大值 E_{ik} 的标准偏差为

$$\sigma_{24} = \sqrt{\frac{\sum\limits_{i=1}^{3} \sum\limits_{k=1}^{8} \left(E_{ik} - \langle \overline{E} \rangle_{24}\right)^2}{24 - 1}} \tag{2-5}$$

将标准偏差相对于其各自的平均值用 dB 表示：

$$\sigma_i(\mathrm{dB}) = 20\lg \frac{\sigma_i + \langle \overline{E_i} \rangle_8}{\langle \overline{E_i} \rangle_8}$$
$$\sigma_{24}(\mathrm{dB}) = 20\lg \frac{\sigma_{24} + \langle \overline{E} \rangle_{24}}{\langle \overline{E} \rangle_{24}} \tag{2-6}$$

将 σ_x、σ_y、σ_z、σ_{24} 的计算结果与表 1-2 进行比较，若从混响室 LUF 开始的 10 倍频程、45 个校准频点中最多不超过 3 个校准频点的标准差超过容差要求且不大于 1dB，则认为混响室合格。标准偏差越小，混响室场均匀性越好。

2.1.2　电场统计规律

混响室空间某测试点的场有 3 个正交直角分量，而一个直角分量又有实部和虚部两个分量，则混响室空间某测试点的场需用 6 个分量进行描述。混响室中存在大量的模式，任一模式的能量可看成与搅拌器角度位置相关的随机变量。腔内每个测试点的电场分量都是大量模式相应电场分量的线性叠加，即大量随机变量的和。若场测试点远离混响室腔体墙壁、天线等，即避免了与墙壁、天线的直接耦合，则可认为场的 6 个分量相互独立且满足相同分布。另外，混响室中的每个模式都是时谐的，各模式每个分量的均值为零，那么所有模式对应分量总和的均值也为零。因此，根据中心极限定理，具有正方差的独立同分布的随机变量之和仍服从正态分布，可知测试点电场的 3 个直角分量 $(E_x、E_y、E_z)$ 的实部和虚部均服从均值为零的正态分布。以某采样点处 x 方向的直角分量 E_x 为例进行说明：

$$E_x = \sqrt{E_{xr}^2 + E_{xi}^2} \tag{2-7}$$

式中，E_{xr}、E_{xi} 分别代表 E_x 的实部和虚部，它们各自服从正态分布的概率密度函数分别为

$$f(E_{xr}) = \frac{1}{\sqrt{2\pi}\sigma} e^{-E_{xr}^2/(2\sigma^2)} \tag{2-8}$$

$$f(E_{xi}) = \frac{1}{\sqrt{2\pi}\sigma} e^{-E_{xi}^2/(2\sigma^2)} \tag{2-9}$$

则电场分量 E_x 服从自由度为 2 的 χ^2 分布，其概率密度函数为

$$f(E_x) = \frac{E_x}{\sigma^2} e^{-E_x^2/(2\sigma^2)} \tag{2-10}$$

式 (2-10) 的累积分布函数 (Cumulative Distribution Function，CDF) 为

$$F(E_x) = \int_{-\infty}^{E_x} f(E)\mathrm{d}E = \int_0^{E_x} \frac{E}{\sigma^2} \cdot e^{-\frac{E^2}{2\sigma^2}} \mathrm{d}E = 1 - e^{-\frac{E_x^2}{2\sigma^2}} \tag{2-11}$$

式 (2-11) 中有未知参数 σ，可通过最大似然估计法求解，即求解似然函数的极大值点。似然函数为样本 $E_{x1}, E_{x2}, \cdots, E_{xn}(n$ 表示搅拌器步进数$)$ 的联合密度函数，即

$$L(\sigma) = \prod_{i=1}^{n} \frac{E_{xi}}{\sigma^2} \cdot e^{-\frac{E_{xi}^2}{2\sigma^2}} \tag{2-12}$$

对该函数取自然对数后求偏导数,如下所示:

$$\frac{\partial \ln(L(\sigma))}{\partial \sigma} = 0 \tag{2-13}$$

根据式 (2-12) 和式 (2-13) 及电场测试结果计算参数 σ,并进一步根据式 (2-11) 计算实测拟合的理论累积分布函数。通过考察实测的累积分布函数与其拟合理论累积分布函数之间的拟合度,考察混响室的统计均匀特性。

2.1.3 拟合优度检验

为评价混响室内电磁场的统计分布规律是否与理论分布一致,仅通过直观比较二者的累积分布函数曲线是不够的,必须通过拟合优度检验判定。拟合优度检验的方法有很多,如皮尔逊 χ^2 检验、Kolmogorov-Smirnov(KS) 检验等,其中皮尔逊 χ^2 检验通常用于较大样本数的检验;KS 检验适用于较小样本数的检验。当混响室处于工作状态时,搅拌器所步进的位置总数组成一个样本,步进总数通常为几十个 (其中,IEC 61000-4-21 标准中给出的步进总数最大为 50)。对于这种相对较小的样本数采用 KS 检验具有很大的优势。因此,KS 检验在混响室统计均匀性验证中应用最为广泛。KS 检验是一种基于 CDF 的非参数检验,可以较为精细地检验分布函数之间的拟合度。检验方法无须分区间考虑经验分布函数 $F_n^*(x)$ 与总体分布函数 $F_n(x)$ 之间的偏差,而是完整地考虑它们之间的差异,并且选用二者在各个位置 x 处函数值之差的上确界来度量这种差异,可以较为精细地检验样本分布函数是否与理论分布函数符合。即用

$$D_n = \sup_{-\infty < x < +\infty} |F_n^*(x) - F_n(x)| \tag{2-14}$$

来反映 $F_n^*(x)$ 与 $F_n(x)$ 之间的差异程度。

采用 KS 检验时,首先接受原假设事件 H_0 为电场强度直角分量的累积分布服从相应的理论分布 $F_n(x)$(直角分量服从自由度为 2 的 χ^2 分布,场强幅值服从自由度服为 6 的 χ^2 分布);拒绝原假设事件 H_1 为电场强度直角分量的累积分布不服从其相应的理论分布。在此,当接受原假设时用 KS = 0 表示,拒绝原假设时用 KS = 1 表示。其次,构造出样本的经验分布函数 $F_n^*(x)$,并计算其上确界 D_n。最后,选取假设检验的置信水平 (通常取 $\alpha = 95\%$),对应置信水平和样本容量 n 查表确定临界值 $D_{n,\alpha}$,得出假设检验结论。其中,假设检验中参数假设几率 P 值表示接受原假设时比样本观测结果更极端结果出现的概率,在此可用来度量电场强度直角分量的累积分布偏离瑞利分布的程度。

以图 1-6 所示 $10.5\text{m} \times 8.0\text{m} \times 4.3\text{m}$ 混响室工作区域中心点为例,应用上述方法对 80~300MHz 频段内 955 个频点 E_X 的统计分布函数进行检验,结果如图 2-1 所示。其中,在 955 个频点中,共 28 个频点拒绝原假设,占总频点的 2.93%,说明

混响室工作区域中心处在 80~300MHz 内的绝大部分频点的电场强度直角分量符合自由度为 2 的 χ^2 分布，可视为统计均匀。随着频率的升高，拒绝原假设的个数逐渐由密变疏，说明随着频率的升高，场的统计均匀性越来越好，与理论相符。

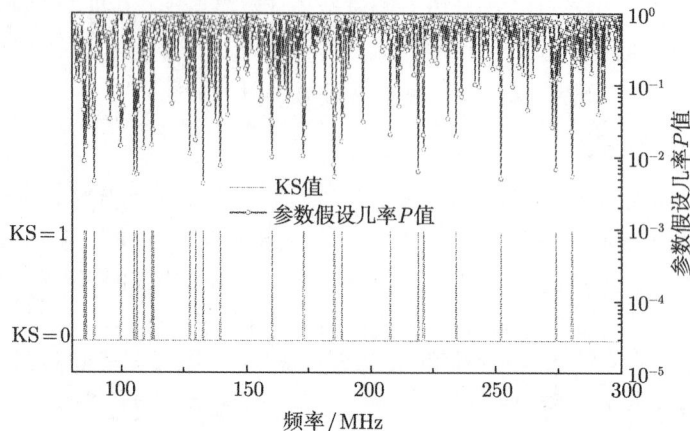

图 2-1   典型混响室工作区域中心点 E_X 的 KS 检验结果

2.2   搅拌器独立位置数标准评价准则

搅拌器独立位置数能够反映混响室对应不同搅拌器位置时场分布的相关性，直接决定着混响室搅拌器的工作效率，因此搅拌器独立位置数是考察搅拌器性能优劣的一个重要指标。2003 年及 2011 年发布的 IEC61000-4-21 标准均对搅拌器独立位置数的计算准则进行了规定。但对于多搅拌器电磁混响室，存在着搅拌器独立位置数计算结果不唯一的问题，需要对评价方法加以改进。

2.2.1   搅拌器独立位置数计算方法

对于工作于某一频率下的电磁混响室，搅拌器需通过自身旋转改变电磁场的边界条件从而使腔体内场分布发生较大变化。若搅拌器位置变动后腔体内的电磁场分布发生较大变化，则可认为此时腔体内任意位置的电场取样与搅拌器旋转前的电场取样是完全独立的。为此，需要获取搅拌器性能数据来计算搅拌器旋转一周后的独立位置数。2011 年发布的 IEC61000-4-21 标准对搅拌器独立位置数的计算规定如下。

(1) 采用接收天线测试搅拌器步进到第 m 个位置时测试区域某采样点的接收功率 P_m，直至搅拌器旋转一周，共均匀步进 n 个位置。

(2) 采用接收功率值构造一维数组 $\boldsymbol{P}_0$:

$$\boldsymbol{P}_0 = [P_1, P_2, \cdots, P_m, \cdots, P_n] \tag{2-15}$$

数组 $\boldsymbol{P}_0$ 中的元素依次向右平移 i 个位置得数组 $\boldsymbol{P}_i$(最右边的元素从左边开始依次向右平移):

$$\boldsymbol{P}_i = [P_{n-i+1}, P_{n-i+2}, \cdots, P_n, P_1, \cdots, P_{n-i}] \tag{2-16}$$

式中, $1 \leqslant i \leqslant n$, $P_m = P_{m+kn}, k \in \Phi$。

(3) 计算一维数组 $\boldsymbol{P}_i$ 与 $\boldsymbol{P}_j$ 的相关系数 γ_{ij}:

$$
\begin{aligned}
\gamma_{ij} &= \frac{\sigma_{ij}}{\sqrt{\sigma_{ii}\sigma_{jj}}} = \frac{\displaystyle\sum_{m=1}^{n}[\boldsymbol{P}_i(m) - \overline{P}][\boldsymbol{P}_j(m) - \overline{P}]}{\displaystyle\sum_{m=1}^{n}[\boldsymbol{P}_i(m) - \overline{P}]^2} \\
&= \frac{\displaystyle\sum_{m=1}^{n}\boldsymbol{P}_j(m)\boldsymbol{P}_i(m) - n\overline{P}^2}{\displaystyle\sum_{m=1}^{n}[\boldsymbol{P}_i(m) - \overline{P}]^2}
\end{aligned}
\tag{2-17}
$$

式中, $\boldsymbol{P}_i(m)$ 表示数组 $\boldsymbol{P}_i$ 中的第 m 个元素; $\overline{P}$ 代表数组 $\boldsymbol{P}_i$ 中 n 个元素的均值。

(4) 将 γ_{ij} 与相关系数 γ_{th} 比较, 若 $|\gamma_{ij}| \leqslant \gamma_{\mathrm{th}}$, 则认为 $\boldsymbol{P}_0$ 与 $\boldsymbol{P}_i$ 不相关。2011 年与 2003 年发布的 IEC61000-4-21 标准对 γ_{th} 有不同的定义。2003 年的版本对 γ_{th} 定义如下:

$$\gamma_{\mathrm{th}} = 1/\mathrm{e} \approx 0.37 \tag{2-18}$$

2011 年的版本对 γ_{th} 定义如下: 按照常规, 可认为 $\gamma_{\mathrm{th}} = 0.37$。然而根据相关系数的性质, 理论上只有 n 为无限大时 γ_{th} 才可等于 0.37, 对于有限的 n 和置信水平, γ_{th} 应小于 0.37。例如, 对于 95% 的置信限和 $n \geqslant 100$, 相关系数 γ_{th} 的拟合表达式为

$$\gamma_{\mathrm{th}} \approx 0.37 \cdot (1 - 7.22/n^{0.64}) \tag{2-19}$$

当 n 小于 100 时 γ_{th} 如何取值, 2011 年标准中没有明确说明。

(5) 计算搅拌器独立位置数 n_{ind}:

$$n_{\mathrm{ind}} = n/n_\gamma \tag{2-20}$$

式中, n_γ 表示 $\boldsymbol{P}_0$ 与 $\boldsymbol{P}_i$ 的相关个数, 即 $|\gamma_{i0}| > \gamma_{\mathrm{th}}$ 的个数。

2.2.2 搅拌器位置相互独立时相关系数取值范围的判定

采用异步搅拌方式改变图 1-6 所示混响室内搅拌器的位置，共步进 $7 \times 7 = 49$ 个位置，每次步进 $51.43°$，分别按式 (2-18) 和式 (2-19) 计算 γ_{th}，利用实测或仿真数据计算混响室的搅拌器独立位置数。表 2-1 给出了混响室测试区域某点 L 处 $(x = 7.5, y = 9, z = 1.5)$80MHz 时实测接收功率构成的一维数组 $\boldsymbol{P}_0$，以及数组元素根据式 (2-16) 依次向右平移后的 $\boldsymbol{P}_i$。

表 2-1   实测接收功率构成的一维数组

	1	2	3	4	5	$\cdots$	47	48	49
$\boldsymbol{P}_0$	0.05	0.11	0.22	0.74	0.43	$\cdots$	0.02	0.16	0.25
$\boldsymbol{P}_1$	0.25	0.05	0.11	0.22	0.74	$\cdots$	0.35	0.02	0.16
$\boldsymbol{P}_2$	0.16	0.25	0.05	0.11	0.22	$\cdots$	0.31	0.35	0.02
$\boldsymbol{P}_3$	0.02	0.16	0.25	0.05	0.11	$\cdots$	0.04	0.31	0.35
$\vdots$	$\vdots$	$\vdots$	$\vdots$	$\vdots$	$\vdots$		$\vdots$	$\vdots$	$\vdots$
$\boldsymbol{P}_{47}$	0.22	0.74	0.43	0.07	0.43	$\cdots$	0.25	0.05	0.11
$\boldsymbol{P}_{48}$	0.11	0.22	0.74	0.43	0.07	$\cdots$	0.16	0.25	0.05
$\boldsymbol{P}_{49}$	0.05	0.11	0.22	0.74	0.43	$\cdots$	0.02	0.16	0.25

根据式 (2-17) 计算 $\boldsymbol{P}_0$ 与 $\boldsymbol{P}_i$ 的相关系数 γ_{i0}。同理计算测试点 L 在 80~300MHz 频段内 111 个频率点的相关系数，结果如图 2-2 所示，其中最右侧的窄竖条表示相关系数为 1，是 $\boldsymbol{P}_0$ 与 $\boldsymbol{P}_{49}$ 的相关系数 γ_{49}(自相关系数)。图 2-2 中大部分的相关系数取值很小，说明绝大部分搅拌器位置都是相互独立的。

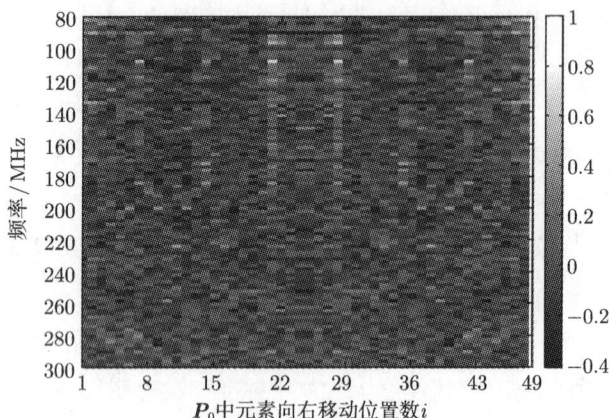

图 2-2   实测接收功率计算得到的 $\boldsymbol{P}_0$ 与 $\boldsymbol{P}_i$ 的相关系数

将图 2-2 中相关系数值与式 (2-18) 比较，根据式 (2-20) 计算搅拌器独立位置数，并对 8 个测试点计算的独立位置数求平均，如图 2-3 所示。其中，图 2-3(a) 表

示测试点 L 处计算得到的独立位置数, 图 2-3(b) 为测试区 8 个顶点计算得到的独立位置数的平均值。由图 2-3 可知, 大多数搅拌器的独立位置数为 49, 与搅拌器总步进数相同, 符合 2003 年 IEC61000-4-21 标准中关于混响室统计均匀时独立位置数的要求 (标准中规定在最低可用频率 LUF 与 3LUF 段内应满足 50 个搅拌器独立位置数, 随着频率升高可逐次递减。为提高搅拌效率, 在此采用异步搅拌方式共步进 $7 \times 7 = 49$ 个位置), 即混响室在 80~300MHz 频段内整体符合统计均匀特性, 与实测结果一致。

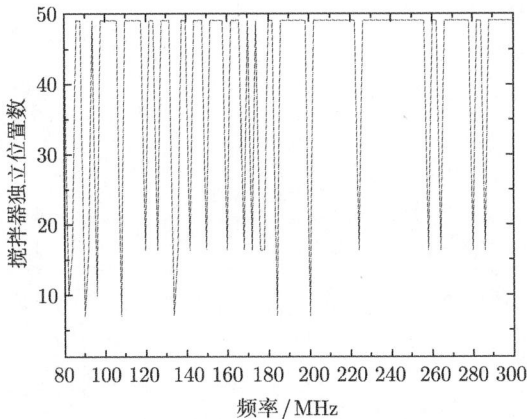

(a) 测试点 L 处计算得到的独立位置数

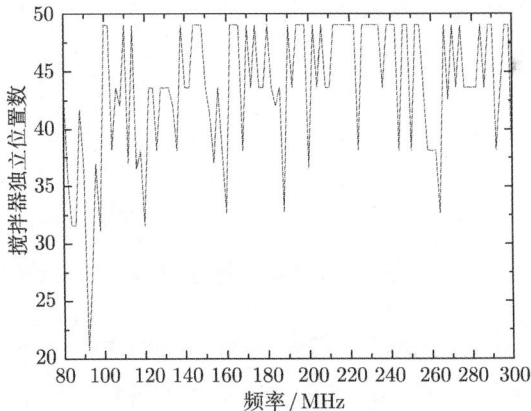

(b) 测试区 8 个顶点计算得到的独立位置数的平均值

图 2-3　采用式 (2-18) 计算得到的搅拌器独立位置数

将图 2-2 中相关系数值与式 (2-19) 比较, 并计算 L 处搅拌器独立位置数以及 8 个测试顶点独立位置数的平均值, 如图 2-4 所示。此时 $\gamma_{\text{th}} = 0.22$, 导致搅拌器独立位置数大幅下降, 图 2-4 中搅拌器独立位置数绝大部分小于 6, 远不满足 2011 年版 IEC61000-4-21 标准中要求混响室统计均匀时独立位置数至少为 12 的要求。也就是说，按照式 (2-19) 计算得到的搅拌器独立位置数评价混响室，在 80~300MHz 频段内并不满足统计均匀性要求。

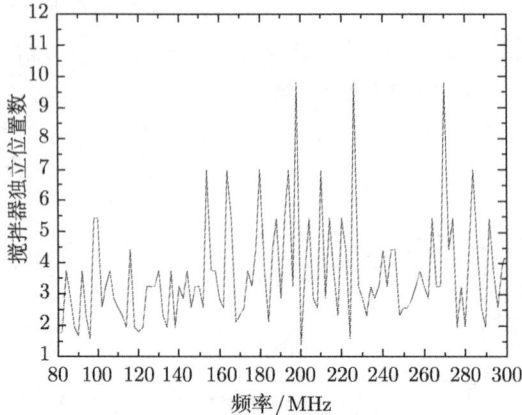

(a) 测试点 L 处计算得到的独立位置数

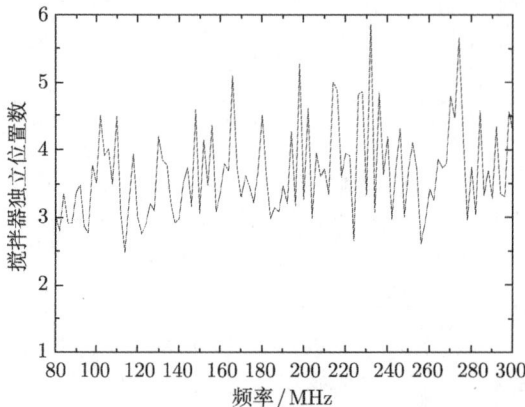

(b) 测试区 8 个顶点计算得到的独立位置数的平均值

图 2-4　采用式 (2-19) 计算得到的搅拌器独立位置数

综合上述讨论与实例验证说明，当搅拌器的总步进数小于 50 时，采用式 (2-19) 计算搅拌器独立位置数过于苛刻，与混响室场均匀性的实测结果相矛盾；相反，采用式 (2-18) 计算则略有宽泛，应探索更有效的独立位置数计算方法。

2.2.3　接收功率与场强平方在计算独立位置数时的等效性

根据 IEC61000-4-21 标准所述，计算搅拌器独立位置数时需获取采样点的接收功率。在实际测试中往往通过在测试点放置接收天线的方法获取接收功率。根据天线接收原理，测试点附近电磁场耦合至接收天线，并经线缆传输至接收机终端，天

线接收功率 P_M 与测试点附近场强的平方成正比，即

$$P_M = kE^2 \tag{2-21}$$

式中，k 为常数，但与工作频率、场极化方向有关。

天线接收功率与测试点处场强的平方成正比，但比例系数与电场的极化方向有关。考虑到混响室内场分布的统计均匀性，应该能够直接利用测试点处场强的平方 E^2 代替天线接收功率 P_M 构建式 (2-15) 和式 (2-16) 所示的数组，利用式 (2-17) 计算不同 E^2 数组之间的相关系数，以此求解搅拌器的独立位置数，理论上应与利用接收功率数组计算所得结果相差不大。

为验证以上分析，分别以图 1-6 所示混响室内测试点处实测的场强平方、频谱分析仪所测接收功率计算搅拌器独立位置数。其中，80MHz 时测试点 L 处实测接收功率构成的一维数组 $\boldsymbol{P}_i$ 如表 2-1 所示，实测场强平方构成的一维数组 $\boldsymbol{P}_i$ 如表 2-2 所示。

表 2-2　实测场强平方构成的一维数组

	1	2	3	4	5	⋯	47	48	49
$\boldsymbol{P}_0$	280.18	631.05	335.94	163.89	206.54	⋯	95.00	251.84	252.06
$\boldsymbol{P}_1$	252.06	280.18	631.05	335.94	163.89	⋯	194.61	95.00	251.84
$\boldsymbol{P}_2$	251.84	252.06	280.18	631.05	335.94	⋯	242.45	194.61	95.00
$\boldsymbol{P}_3$	95.00	251.84	252.06	280.18	631.05	⋯	1144.1	242.45	194.61
⋮	⋮	⋮	⋮	⋮	⋮		⋮	⋮	⋮
$\boldsymbol{P}_{47}$	335.94	163.89	206.54	139.52	258.95	⋯	252.06	280.18	631.05
$\boldsymbol{P}_{48}$	631.05	335.94	163.89	206.54	139.52	⋯	251.84	252.06	280.18
$\boldsymbol{P}_{49}$	280.18	631.05	335.94	163.89	206.54	⋯	95.00	251.84	252.06

根据式 (2-17) 计算表 2-2 中 $\boldsymbol{P}_0$ 与 $\boldsymbol{P}_i$ 的相关系数 γ_{i0}。同理计算测试点 L 在 80~300MHz 频段内 111 个均匀分布频率点的相关系数，结果如图 2-5 所示。

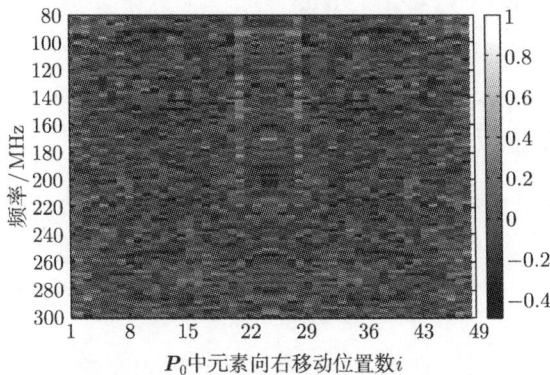

图 2-5　实测场强平均计算得到的 $\boldsymbol{P}_0$ 与 $\boldsymbol{P}_i$ 的相关系数

与图 2-2 相似,图 2-5 中绝大部分的相关系数值很小,说明绝大部分搅拌器位置都是相互独立的。

采用实测场强平方值计算测试区 8 个顶点处独立位置数 n_{ind} 的平均值,并与利用接收功率数组计算所得独立位置数值比较,如图 2-6 所示。由图可知,采用场强平方计算的 n_{ind} 与利用接收功率计算所得值比较接近,说明采用场强平方计算 n_{ind} 的可行性。

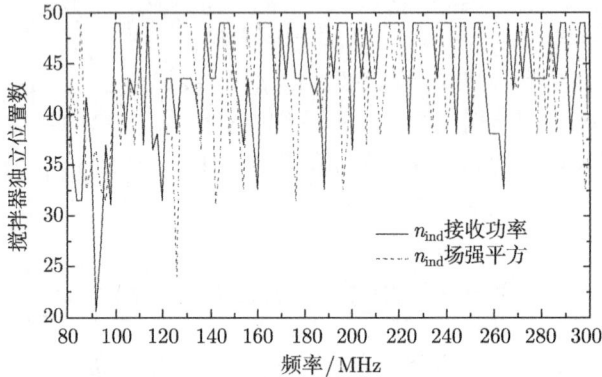

图 2-6　采用接收功率和场强平方数组计算搅拌器独立位置数的比较

按照实测场强平方计算 n_{ind} 的流程,采用仿真场强平方数据计算 80~300MHz 频段内 111 个均匀分布频率点的相关系数,并对测试区 8 个顶点处独立位置数 n_{ind} 求平均。为更清晰地比较仿真与实测 n_{ind},将 80~300MHz 均匀分为 21 段,对每段内 n_{ind} 求平均,计算结果如图 2-7 所示。

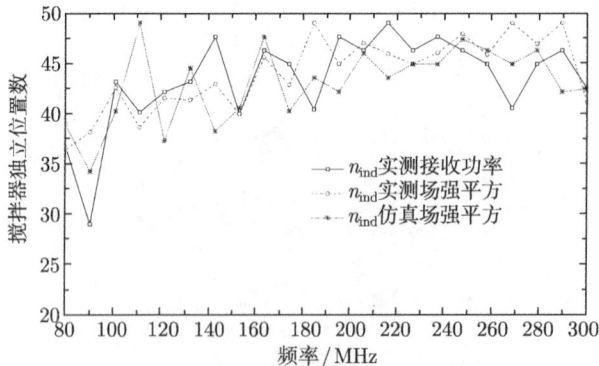

图 2-7　仿真与实测数据计算的搅拌器独立位置数比较

由图 2-7 可知,通过仿真场强平方数据计算得到的搅拌器独立位置数与采用实测场强平方数据得到的搅拌器独立位置数较为一致,且随着频率的升高,n_{ind} 不断增大，说明混响室的统计均匀性越来越佳。低频段仿真数据、功率测试数据波动比实测数据波动大，说明采用实测场强平方数值评价搅拌器独立位置数更稳定。

采用场强平方计算搅拌器独立位置数时，在实测和仿真中便可在测试空间中对多个采样点进行同时监测，从而可以更为精确地得到混响室搅拌器独立位置数。由于仿真中可以不计成本地设置非常多的采样点，因此采用场强平方计算搅拌器独立位置数在仿真计算中的优势尤其明显。

2.2.4 搅拌器独立位置数计算结果不唯一的问题

根据式 (2-15)~ 式 (2-17) 可知，当一维数组 P_0 中元素顺序发生变动时，相关系数 γ_{io} 也会发生改变，导致同一组搅拌器位置出现独立位置数不唯一的问题。当混响室配备一个搅拌器时，标准中默认按照搅拌器步进顺序构造一维数组 P_0 来求解独立位置数。然而，当混响室配备两个及两个以上搅拌器且以异步方式旋转时，会因为搅拌器的旋转顺序不同而导致 P_0 中的元素相同 (由于是同一组搅拌器位置) 但顺序不同，从而导致搅拌器独立位置数计算结果不唯一，这说明 P_0 中元素的顺序反映了搅拌器的步进方式信息，但标准中采用一维数组计算独立位置数的方法却不足以反映该信息，从而导致计算结果的不唯一。

以图 1-6 所示混响室双搅拌器异步搅拌为例，按照水平搅拌器每步进一次垂直搅拌器步进七次的顺序构造一维数组 P_0，而按照垂直搅拌器每步进一次水平搅拌器步进七次的顺序构造一维数组 P'_0。显然，P_0 和 P'_0 中元素相同，但顺序不同。采用仿真场强平方值分别构造 80MHz 时测试点 L 处的 P_i、P'_i，如表 2-3 和表 2-4 所示。

表 2-3   仿真场强平方构成的一维数组 P_i

	1	2	3	4	5	$\cdots$	47	48	49
P_0	497.36	1161.1	87.98	609.24	171.70	$\cdots$	449.15	1142.7	1435.5
P_1	1435.5	497.36	1161.1	87.98	609.24	$\cdots$	807.02	449.15	1142.7
P_2	1142.7	1435.5	497.36	1161.1	87.98	$\cdots$	634.15	807.02	449.15
P_3	449.15	1142.7	1435.5	497.36	1161.1	$\cdots$	1468.8	634.15	807.02
$\vdots$	$\vdots$	$\vdots$	$\vdots$	$\vdots$	$\vdots$		$\vdots$	$\vdots$	$\vdots$
P_{47}	87.98	609.24	171.70	368.02	842.79	$\cdots$	1435.5	497.36	1161.1
P_{48}	1161.1	87.98	609.24	171.70	368.02	$\cdots$	1142.7	1435.5	497.36
P_{49}	497.36	1161.1	87.98	609.24	171.70	$\cdots$	449.15	1142.7	1435.5

表 2-4   仿真场强平方构成的一维数组 P'_i

	1	2	3	4	5	$\cdots$	47	48	49
P'_0	497.36	972.93	524.65	186.60	1116.4	$\cdots$	763.70	1300.2	1435.5
P'_1	1435.5	497.36	972.93	524.65	186.60	$\cdots$	555.36	763.70	1300.2
P'_2	1300.2	1435.5	497.36	972.93	524.65	$\cdots$	1304.7	555.36	763.70

	1	2	3	4	5	$\cdots$	47	48	49
$\boldsymbol{P}'_3$	763.70	1300.2	1435.5	497.36	972.93	$\cdots$	1354.9	1304.7	555.36
$\vdots$	$\vdots$	$\vdots$	$\vdots$	$\vdots$	$\vdots$		$\vdots$	$\vdots$	$\vdots$
$\boldsymbol{P}'_{47}$	524.65	186.60	1116.4	872.50	887.48	$\cdots$	1435.5	497.36	972.93
$\boldsymbol{P}'_{48}$	972.93	524.65	186.60	1116.4	872.50	$\cdots$	1300.2	1435.5	497.36
$\boldsymbol{P}'_{49}$	497.36	972.93	524.65	186.60	1116.4	$\cdots$	763.70	1300.2	1435.5

根据式 (2-17) 分别计算表 2-3 中 $\boldsymbol{P}_j$ 与 $\boldsymbol{P}_i$ 的相关系数 γ_{ij}，以及表 2-4 中 $\boldsymbol{P}'_j$ 与 $\boldsymbol{P}'_i$ 的相关系数 γ'_{ij}，如图 2-8 所示。显然，双搅拌器的搅拌顺序不同，得到的相关系数矩阵也不同。同理，计算测试点 L 处在 80~300MHz 频段内 955 个均匀分布频率点的 γ_{i0} 和 γ'_{i0}，结果如图 2-9 所示。

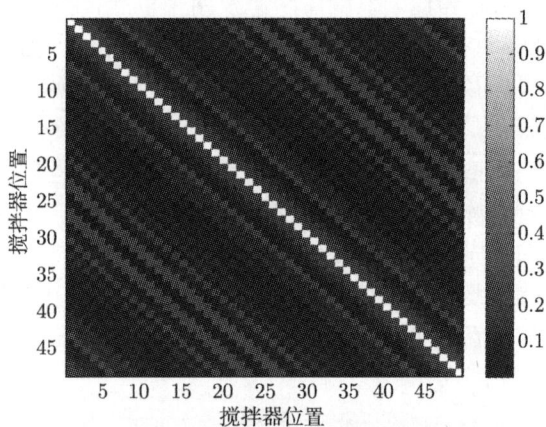

(a) $\boldsymbol{P}_j$ 与 $\boldsymbol{P}_i$ 的相关系数矩阵

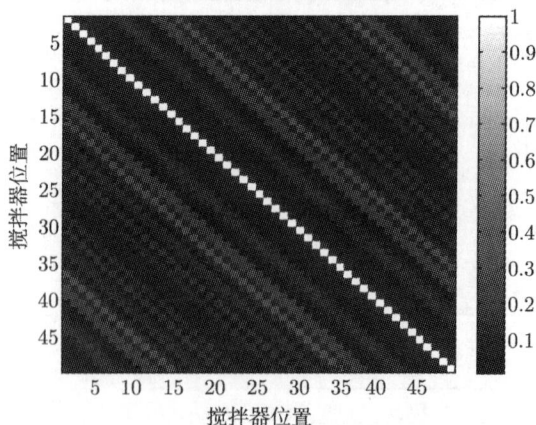

(b) $\boldsymbol{P}'_j$ 与 $\boldsymbol{P}'_i$ 的相关系数矩阵

图 2-8　双搅拌器不同搅拌顺序得到的相关系数矩阵比较

(a) 相关系数γ_{i0}

(b) 相关系数γ'_{i0}

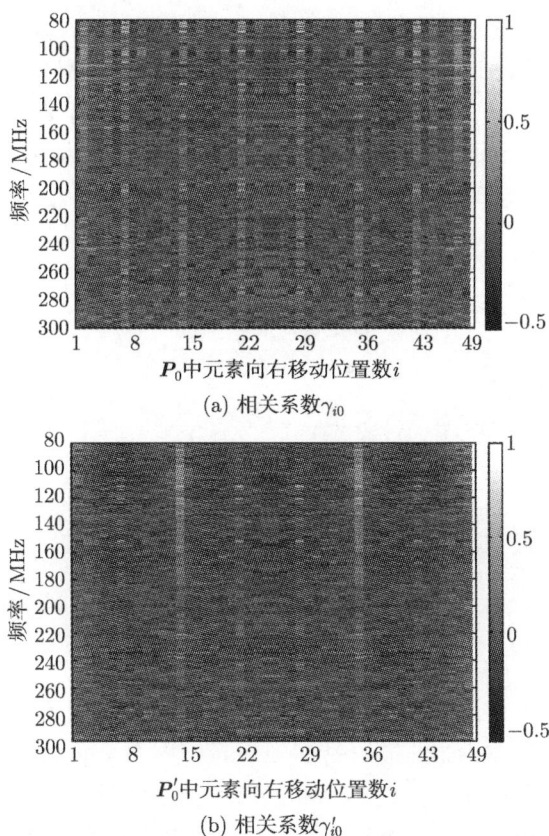

图 2-9 测试点 L 处在 $80\sim300\mathrm{MHz}$ 频段内的 γ_{i0} 和 γ'_{i0}

由图 2-9 可知，由于一维数组 $\boldsymbol{P}_0$ 和 $\boldsymbol{P}'_0$ 中元素顺序不同，导致相关系数 γ_{i0} 和 γ'_{i0} 的计算结果不同，从而使得混响室搅拌器独立位置数的计算结果相差很大，如图 2-10 所示，图中 n_{ind} 和 n'_{ind} 分别表示采用相关系数 γ_{i0} 和 γ'_{i0} 计算得到的搅拌器独立位置数。

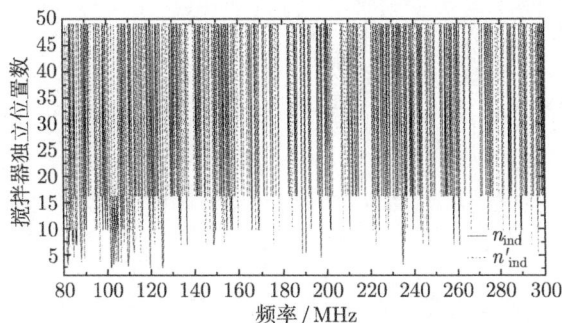

图 2-10 不同数组构建顺序搅拌器独立位置数计算结果比较

图 2-10 中 n_{ind} 和 n'_{ind} 两组数据的相关系数仅为 0.43。为更方便直观地观察 n_{ind} 和 n'_{ind} 的相关性，图 2-11 给出了两组数据的散点图，图中圆圈表示 80~300MHz 范围内不同频率下的 n_{ind} 与 n'_{ind} 值的对应关系。两组数据相关性越强，圆圈越靠近主对角线 (主对角线相关系数为 1，负对角线表示相关系数为 −1)。由图 2-11 可直观地看到 n_{ind} 和 n'_{ind} 的相关性非常弱。

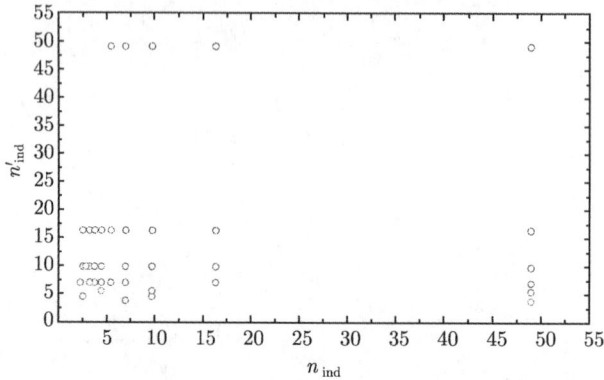

图 2-11　n_{ind} 和 n'_{ind} 两组数据散点图

同样，在混响室测试区内均匀选择其他 35 个测试点计算搅拌器独立位置数，并与 L 点计算结果取均值，结果如图 2-12 所示，图中 $< n_{ind} >$ 和 $< n'_{ind} >$ 分别表示采用相关系数 γ_{i0} 和 γ'_{i0} 计算得到的搅拌器独立位置数平均值。由图 2-12 可知，随着频率的升高，对 36 个测试点平均后的搅拌器独立位置数很明显地逐渐增大，说明混响室的统计均匀特性越来越好。对于相同的搅拌器位置，$< n_{ind} >$ 和 $< n'_{ind} >$ 在一些频率下的结果相同，然而在其他频率下二者却差别很大。

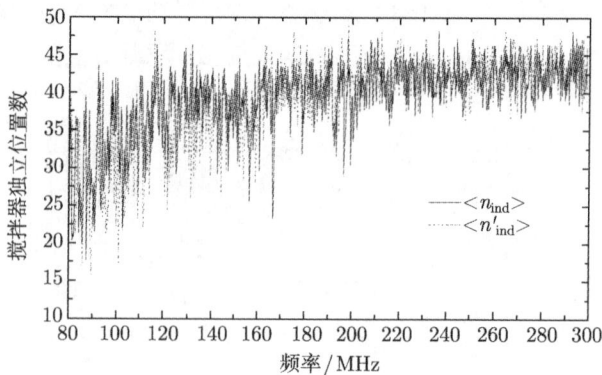

图 2-12　36 个测试点计算的搅拌器独立位置数平均值

图 2-13 所示为 $< n_{ind} >$ 和 $< n'_{ind} >$ 两组数据的散点图，其相关系数为 0.72。

相比图 2-11, 图 2-13 中的圆圈更集中地分布于主对角线附近, 不过 $< n_{ind} >$ 和 $< n'_{ind} >$ 依然表现了不统一的性质。这主要是由标准中一维数组不能反映搅拌器步进方式的局限性所致。为此, 我们提出了一种基于多维数组的搅拌器独立位置数计算新准则, 以解决标准中相同搅拌器位置却给出不同独立位置数计算结果的问题。

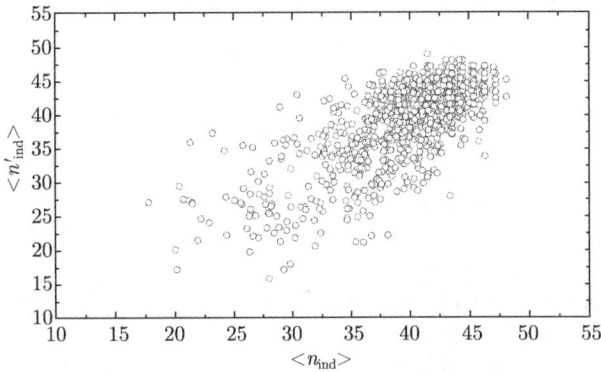

图 2-13 $< n_{ind} >$ 和 $< n'_{ind} >$ 两组数据的散点图

2.3 基于多维数组的搅拌器独立位置数评价准则

针对搅拌器以异步方式旋转或搅拌器以不同的位置顺序进行试验时, IEC61000-4-21 标准方法计算搅拌器独立位置数结果不唯一的问题, 我们提出了一种基于多维数组的搅拌器独立位置数计算新准则。该准则通过构建多维数组并将数组元素按各维方向依次平移的方法, 能够更加全面准确地反映搅拌器的位置变化信息, 从而有效地弥补了 IEC61000-4-21 标准中方法不能完整反映搅拌器步进方式的不足, 提高了计算准确度。

2.3.1 多搅拌器同步步进时独立位置数计算新准则

1) 不同搅拌器位置的相关矩阵

当混响室以单搅拌器搅拌或多搅拌器以同步步进的方式搅拌时, 假设搅拌器一周共步进 n 个位置。首先, 记录搅拌器同步步进至不同位置时某测试点的接收功率, 并构建接收功率向量 P_0, 如式 (2-15) 所示。

其次, 根据 IEC-61000-4-21 标准中所提供的方法将 P_0 中各元素沿向量方向向右进行循环平移, 得到新功率向量 P_i, 如式 (2-16) 所示。

再次, 将所有平移后的接收功率向量转秩后按顺序排列构造为矩阵, 将此矩阵

定义为同步步进矩阵 $\boldsymbol{P}_{\mathrm{S}}$:

$$\boldsymbol{P}_{\mathrm{S}} = \left[\boldsymbol{P}_0^{\mathrm{T}}, \boldsymbol{P}_1^{\mathrm{T}}, \cdots, \boldsymbol{P}_{n-1}^{\mathrm{T}}\right] = \begin{bmatrix} P_1 & P_n & \cdots & P_2 \\ P_2 & P_1 & \cdots & P_3 \\ \vdots & \vdots & & \vdots \\ P_n & P_{n-1} & \cdots & P_1 \end{bmatrix}_{n \times n} \tag{2-22}$$

最后,计算同步步进矩阵 $\boldsymbol{P}_{\mathrm{S}}$ 的相关矩阵 $\boldsymbol{R}_{\mathrm{S}}$:

$$\boldsymbol{R}_{\mathrm{S}} = \begin{bmatrix} \gamma_{11} & \gamma_{12} & \cdots & \gamma_{1n} \\ \gamma_{21} & \gamma_{22} & \cdots & \gamma_{2n} \\ \vdots & \vdots & & \vdots \\ \gamma_{n1} & \gamma_{n2} & \cdots & \gamma_{nn} \end{bmatrix}_{n \times n} \tag{2-23}$$

式中, γ_{ij} 表示同步步进矩阵 $\boldsymbol{P}_{\mathrm{S}}$ 中第 i 列向量与第 j 列向量的相关系数,与式 (2-17) 类似:

$$\gamma_{ij} = \frac{\sigma_{ij}}{\sqrt{\sigma_{ii}\sigma_{jj}}} = \frac{\displaystyle\sum_{a=1}^{n} \boldsymbol{P}_{\mathrm{S}}(a,i)\boldsymbol{P}_{\mathrm{S}}(a,j) - n\overline{P}^2}{\displaystyle\sum_{i=1}^{n} (P_i - \overline{P})^2} \tag{2-24}$$

式中, σ_{ij} 表示同步步进矩阵中第 i 列向量与第 j 列向量的协方差; σ_{ii} 与 σ_{jj} 分别表示矩阵中第 i 列向量与第 j 列向量的方差; $\overline{P}$ 表示接收功率向量中所有元素的平均值。显然, $\sigma_{ij} = \sigma_{ji}$, $\sigma_{ii} = \sigma_{jj}$。由于我们要考察的是搅拌器不同位置间的相关程度而与其正负无关,所以在以后的论证中可以对所有相关系数取绝对值运算。

2) 基于熵的相关性量化方法

信息熵是一种用来衡量信息冗余度的有效工具。而采样数据的相关性可以直接地反映为信息的冗余度。因此,采样数据的相关程度越高,其中所包含的冗余信息就越多,其总体的信息熵就越低。

类似于矩阵 $\boldsymbol{P}_{\mathrm{S}}$ 这种多变量数据,传统的信息熵是由其矩阵特征值的协方差矩阵分布决定的,所以与传统的公式会有稍许的不同,表示为

$$I_\alpha = \frac{1}{1-\alpha} \ln\left(\sum_{m=1}^{n} \hat{\lambda}_m^\alpha\right) \tag{2-25}$$

式中, $\hat{\lambda}_m^\alpha$ 为矩阵 $\boldsymbol{R}_{\mathrm{S}}$ 的归一化特征值,可表示为

$$\hat{\lambda}_m^\alpha = \lambda_m \bigg/ \sum_{i=1}^{n} \lambda_i \tag{2-26}$$

式 (2-26) 在计算时将矩阵 $\boldsymbol{R}_\mathrm{S}$ 视为一种离散概率分布，式 (2-25) 则计算其离散分布的 α 阶 Renyi 熵 I_α，其中，$I_\alpha \in [0, \ln n]$。显然，当阶数 α 趋于 1 时，式 (2-25) 即为经典 Shannon 熵。相关参考文献在计算数据的 Renyi 熵时，取阶数 α 为 2。

理想情况下，混响室内每个搅拌器位置是完全独立的，其所有的 n 个特征值是完全相同的，例如，$\boldsymbol{R}_\mathrm{S} = \boldsymbol{I}$，其中 $\boldsymbol{I}$ 为单位矩阵。此时，达到最大值 $I_2 = \ln n$，因此可定义 N_eff 表示存在 N 个潜在相关样本的有效独立样本数，也即搅拌器有效独立位置数

$$I_2 = \ln N_\mathrm{eff} \tag{2-27}$$

将等式两边取指数，可得

$$N_\mathrm{eff} = \mathrm{e}^{I_2} \tag{2-28}$$

一般情况下，混响室内搅拌器位置之间不可能为完全独立的，此时，将式 (2-25) 与式 (2-26) 代入式 (2-28)，可得

$$N_\mathrm{eff} = \left(\sum_{i=1}^{n} \lambda_i\right)^2 \bigg/ \sum_{i=1}^{n} \lambda_i^2 \tag{2-29}$$

参考相关文献，式 (2-29) 也可表示为

$$N_\mathrm{eff} = n^2 \bigg/ \sum_{i=1}^{n} \sum_{j=1}^{n} |\gamma_{ij}|^2 \tag{2-30}$$

式中，γ_{ij} 表示同步相关矩阵 $\boldsymbol{R}_\mathrm{S}$ 中的元素。

同步相关矩阵 $\boldsymbol{R}_\mathrm{S}$ 的 Frobenius 范数为

$$\|\boldsymbol{R}_\mathrm{S}\|_\mathrm{F} = \sqrt{\sum_{ij} \gamma_{ij}^2} \tag{2-31}$$

将式 (2-31) 代入式 (2-30) 中，可得

$$N_\mathrm{eff} = n^2 \big/ \|\boldsymbol{R}_\mathrm{S}\|_\mathrm{F}^2 = n^2 \bigg/ \sum_{ij} \gamma_{ij}^2 \tag{2-32}$$

通过将 N_eff 除以总数 n 对其进行归一化，可简便地概括此搅拌器工作方式的效率水平，在此将其定义为搅拌效率 $\varepsilon_n \in [0, 1]$，可表示为

$$\varepsilon_n = N_\mathrm{eff} / n \tag{2-33}$$

为考察混响室工作区域内 N_{eff} 的整体水平，应对工作区域内若干点有效搅拌效率所得值取平均。假设对工作区域内 W 个点进行平均运算，则平均后的 N_{eff} 可表示为

$$\overline{N_{eff}} = \frac{1}{W} \sum_{i=1}^{W} N_{effi} \tag{2-34}$$

式中，N_{effi} 表示在第 i 个测试点的 N_{eff} 值。

为便于结果分析，通常将工作区域不同位置的搅拌效率平均值 $\overline{N_{eff}}$ 在特定频段内取平均值：

$$< \overline{N_{eff}} >_f = \frac{1}{N_f} \sum_{i=1}^{N_f} \overline{N_{effi}} \tag{2-35}$$

式中，N_f 表示频段 f 内所测试频点个数。

2.3.2   多搅拌器同步步进时有效独立位置数计算实例

以图 1-6 所示混响室水平、垂直搅拌器每周同步步进 7 个位置为例，采用上述多搅拌器同步步进时独立位置数的计算新准则进行计算。由于在仿真中获取电场的便利性，参考 2.2.3 节的研究，采用场强平方代替接收功率的方法计算搅拌器有效独立位置数。

表 2-5 给出了混响室工作于频率 80MHz、双搅拌器同步步进时，其工作区域中心点 L 处的同步相关矩阵 $\boldsymbol{R}_S$ 的计算结果。由此可见，除了主对角线上的值全部为 1 处于完全相关状态外，其他值皆小于 0.3，说明 7 个搅拌器位置的相关程度较低。

表 2-5   双搅拌器同步相关矩阵计算数据

行列	1	2	3	4	5	6	7
1	1.00	0.14	0.09	0.13	0.07	0.25	0.11
2	0.11	1.00	0.14	0.09	0.13	0.07	0.25
3	0.25	0.11	1.00	0.14	0.09	0.13	0.07
4	0.07	0.25	0.11	1.00	0.14	0.09	0.13
5	0.13	0.07	0.25	0.11	1.00	0.14	0.09
6	0.09	0.13	0.07	0.25	0.11	1.00	0.14
7	0.14	0.09	0.13	0.07	0.25	0.11	1.00

同理，对混响室工作于 80~300MHz 频段内 955 个频点、测试区域内 36 个测试点进行搅拌器相关性计算及量化，并将每一工作频点的量化结果进行平均运算，如图 2-14 所示，图中未平均的曲线随着频率的升高呈现出振荡上升的趋势，上下波动值约为 1。为便于分析，对不同频点的计算数据位置平均值每隔 20MHz 的频点求 40MHz 频带内的平均值，将频率平均值曲线同时显示于图 2-14 中。显然，频

率平均后的有效搅拌数随频率的升高几乎单调上升，所有平均后的搅拌效率皆大于 70%，处于较高的水平。其原因为：搅拌器一周只同步步进 7 个位置，每次步进会剧烈地改变腔体内的电磁场边界，腔体内电磁场边界变化得越剧烈，接收功率之间的相关程度就越低。

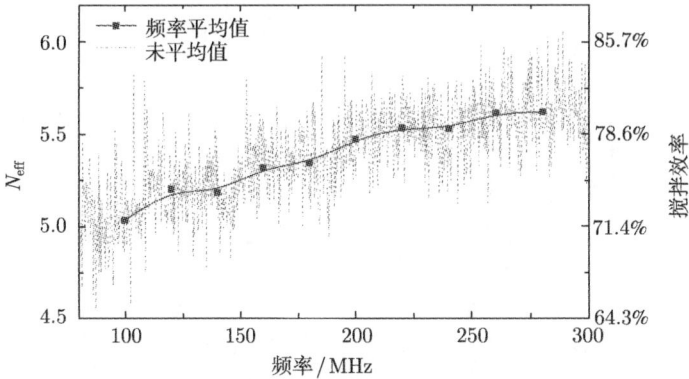

图 2-14 同步步进 7 个位置时搅拌器独立位置数变化曲线

2.3.3 双搅拌器异步步进时搅拌器独立位置数计算新准则

首先，假设混响室配有两个搅拌器并以异步步进的方式工作，其中，搅拌器 1 一周步进 n 个位置，搅拌器 2 一周步进 m 个位置，此时共可以提供 $n \times m$ 个搅拌器位置。

(1) 记录混响室工作区域内某测试点在搅拌器工作一周时每个步进位置下的接收功率 $P_{xy}\{x \in (1, 2, \cdots, n), y \in (1, 2, \cdots, m)\}$，$P_{xy}$ 表示搅拌器 1 步进到第 x 个位置、搅拌器 2 步进到第 y 个位置时某测试点的接收功率。由于混响室处于双搅拌器异步步进的搅拌方式，为完整描述搅拌器的空间信息，将接收功率向量在维度上扩展为二维矩阵，即

$$\boldsymbol{P} = \begin{bmatrix} P_{11} & P_{12} & \cdots & P_{1m} \\ P_{21} & P_{22} & \cdots & P_{2m} \\ \vdots & \vdots & & \vdots \\ P_{n1} & P_{n2} & \cdots & P_{nm} \end{bmatrix}_{n \times m} \tag{2-36}$$

(2) 将 $\boldsymbol{P}$ 中各元素沿矩阵横列与纵列方向进行循环平移。由于采用了二维矩阵的方式记录接收功率信息，同步向量平移方式已然不再适用。结合矩阵与向量的

异同点, 将同步向量平移方式同时应用于矩阵的横列与纵列, 可得

$$
\boldsymbol{P}_{ij} = \begin{bmatrix} P_{(n-i+1)(m-j+1)} & P_{(n-i+1)(m-j+2)} & \cdots & P_{(n-i+1)(m-j)} \\ P_{(n-i+2)(m-j+1)} & P_{(n-i+2)(m-j+2)} & \cdots & P_{(n-i+2)(m-j)} \\ \vdots & \vdots & & \vdots \\ P_{(n-i)(m-j+1)} & P_{(n-i)(m-j+2)} & \cdots & P_{(n-i)(m-j)} \end{bmatrix}_{n \times m} \tag{2-37}
$$

式中, $\boldsymbol{P}_{ij}$ 表示二维矩阵 $\boldsymbol{P}$ 分别沿矩阵横列平移 i 次、沿纵列平移 j 次后的接收功率矩阵, $i \in \{1, 2, \cdots, n\}$, $j \in \{1, 2, \cdots, m\}$。

枚举所有经平移的矩阵, $\boldsymbol{P}_{00} = \boldsymbol{P}$ 得

$$
\boldsymbol{P}_{\text{shifted}} = \begin{bmatrix} \boldsymbol{P}_{00} & \boldsymbol{P}_{01} & \cdots & \boldsymbol{P}_{0(m-1)} \\ \boldsymbol{P}_{10} & \boldsymbol{P}_{11} & \cdots & \boldsymbol{P}_{1(m-1)} \\ \vdots & \vdots & & \vdots \\ \boldsymbol{P}_{(n-1)0} & \boldsymbol{P}_{(n-1)1} & \cdots & \boldsymbol{P}_{(n-1)(m-1)} \end{bmatrix}_{n \times m} \tag{2-38}
$$

(3) 计算异步相关矩阵:

$$
\boldsymbol{R}_I = \begin{bmatrix} \gamma_{11} & \gamma_{12} & \cdots & \gamma_{1m} \\ \gamma_{21} & \gamma_{22} & \cdots & \gamma_{2m} \\ \vdots & \vdots & & \vdots \\ \gamma_{n1} & \gamma_{n2} & \cdots & \gamma_{nm} \end{bmatrix}_{n \times m} \tag{2-39}
$$

式中, γ_{ij} 表示 $\boldsymbol{P}$ 与 $\boldsymbol{P}_{(i-1)(j-1)}$ 的相关系数, 由一维数组的相关系数计算式扩展到二维矩阵, 可得 γ_{ij}:

$$
\gamma_{ij} = \frac{\displaystyle\sum_{a=1}^{n}\sum_{b=1}^{m} \boldsymbol{P}(a,b)\boldsymbol{P}_{(i-1)(j-1)}(a,b) - mn\overline{P}^2}{\displaystyle\sum_{a=1}^{n}\sum_{b=1}^{m} (\boldsymbol{P}(a,b) - \overline{P})^2} \tag{2-40}
$$

式中, $\overline{P}$ 表示矩阵 $\boldsymbol{P}$ 中所有元素的平均值。

(4) 量化异步相关矩阵, 计算搅拌器有效独立位置数。式 (2-23) 同步相关矩阵 $\boldsymbol{R}_S$ 本质上是由列平方和相等的向量组成:

$$
\sum_{i=1}^{n} |\gamma_{i1}|^2 = \sum_{i=1}^{n} |\gamma_{i2}|^2 = \cdots = \sum_{i=1}^{n} |\gamma_{i(n-1)}|^2 = \sum_{i=1}^{n} |\gamma_{in}|^2 \tag{2-41}
$$

由于矩阵的 Frobenius 范数也具有矩阵长度的意义，在此定义符号 "$\|\cdot\|$" 为求长度运算。将同步相关矩阵 $\boldsymbol{R}_S$ 中第一列元素记为 $\boldsymbol{R}^n$，即由一维相关系数组成的向量：

$$\boldsymbol{R}^n = [\gamma_{11}, \gamma_{21}, \cdots, \gamma_{n1}] \tag{2-42}$$

向量 $\boldsymbol{R}^n$ 长度的平方为

$$\|\boldsymbol{R}^n\|^2 = \sum_{i=1}^{n} |\gamma_{i1}|^2 \tag{2-43}$$

此时同步相关矩阵 $\boldsymbol{R}_S$ 的 Frobenius 范数可表示为

$$\|\boldsymbol{R}_S\|_{\mathrm{F}}^2 = n \times \|\boldsymbol{R}^n\|^2 \tag{2-44}$$

将式 (2-44) 代入式 (2-32) 中，则搅拌器的有效独立位置数为

$$N_{\mathrm{eff}} = n / \|\boldsymbol{R}^n\|^2 \tag{2-45}$$

而当双搅拌器异步步进时，同样将式 (2-45) 扩展至二维空间，可表示为

$$N_{\mathrm{eff}} = \frac{n \times m}{\|\boldsymbol{R}_I\|^2} = n \times m / \sum_{i=1}^{n} \sum_{j=1}^{m} |\gamma_{ij}|^2 \tag{2-46}$$

式中，$\boldsymbol{R}_I$ 表示异步相关矩阵。

综上分析可知，结合二维矩阵的特征，双搅拌器异步步进时搅拌器有效位置数计算新准则能够完整地反映搅拌器步进位置信息。

2.3.4　双搅拌器异步步进时独立位置数计算实例

以图 1-6 所示混响室水平、垂直搅拌器分别步进 7 个位置，共 $7 \times 7 = 49$ 个搅拌位置为例，采用上述双搅拌器异步步进时搅拌器独立位置数计算新准则进行计算。取 80MHz 时混响室工作区域中心 L 点仿真所得场强的平方构造与每个搅拌器位置相对应的二维接收功率矩阵 $\boldsymbol{P}$，并将其各元素沿矩阵横列与纵列方向进行循环平移得 $\boldsymbol{P}_{\mathrm{shifted}}$，其元素如表 2-6 所示。为更直观地描述二维矩阵的移动过程，表中以深色底纹标记原始矩阵 $\boldsymbol{P}$ 中的第一行、第一列及其每次平移后所到达的行与列。

表 2-6　双搅拌器异步步进接收功率矩阵及平移数据

	1	2	3	4	5	6	7
				P			
1	411.1	233.4	422.4	1197.7	733.0	298.8	236.9
2	218.6	460.6	39.2	182.4	208.9	586.0	72.6
3	510.4	216.0	290.2	445.2	192.9	147.1	309.9
4	73.3	375.8	15.7	402.1	147.4	406.6	354.4
5	133.9	188.9	144.3	241.6	245.7	283.4	407.9
6	406.5	331.2	107.9	649.9	81.6	554.2	790.6
7	430.8	115.1	80.4	139.1	141.0	442.3	189.1
				P_{11}			
1	189.1	430.8	115.1	80.4	139.1	141.0	442.3
2	236.9	411.1	233.4	422.4	1197.7	733.0	298.8
3	72.6	218.6	460.6	39.2	182.4	208.9	586.0
4	309.9	510.4	216.0	290.2	445.2	192.9	147.1
5	354.4	73.3	375.8	15.7	402.1	147.4	406.6
6	407.9	133.9	188.9	144.3	241.6	245.7	283.4
7	790.6	406.5	331.2	107.9	649.9	81.6	554.2
				P_{21}			
1	442.3	189.1	430.8	115.1	80.4	139.1	141.0
2	298.8	236.9	411.1	233.4	422.4	1197.7	733.0
3	586.0	72.6	218.6	460.6	39.2	182.4	208.9
4	147.1	309.9	510.4	216.0	290.2	445.2	192.9
5	406.6	354.4	73.3	375.8	15.7	402.1	147.4
6	283.4	407.9	133.9	188.9	144.3	241.6	245.7
7	554.2	790.6	406.5	331.2	107.9	649.9	81.6

$$\vdots$$

根据式 (2-40) 计算表2-6 中 P 与 $P_{(i-1)(j-1)}$ 中各元素的相关系数 γ_{ij}，组成异步相关矩阵，结果如表 2-7 所示，绝大部分元素皆小于 0.3，但矩阵左上角元素为 1，表现出完全相关，其原因为异步相关矩阵 R_I 中的 γ_{11} 为原始矩阵 P 与其本身的相关系数。正是由于 $\gamma_{11} = 1$，使搅拌器有效独立位置数不会大于搅拌器所步进的总位置数。将表 2-7 相关矩阵计算数据取平方和，根据式 (2-46) 计算得到混响室中心点在 80MHz 时的搅拌器有效独立位置数为 25.6。

表 2-7　双搅拌器异步步进相关矩阵计算数据

	1	2	3	4	5	6	7
1	1.00	0.12	0.05	0.05	0.05	0.05	0.12
2	0.16	0.16	0.01	0.23	0.13	0.01	0.19
3	0.29	0.08	0.05	0.08	0.23	0.22	0.10
4	0.02	0.17	0.05	0.13	0.13	0.01	0.06

	1	2	3	4	5	6	7
5	0.02	0.06	0.01	0.13	0.13	0.05	0.17
6	0.29	0.10	0.22	0.23	0.08	0.05	0.08
7	0.16	0.19	0.01	0.13	0.23	0.01	0.16

同理，对混响室工作于 80~300MHz 频段内 955 个频点、测试区域内 36 个测试点进行搅拌器相关性计算及量化，并将量化结果对测试区域内 36 个测试点进行平均运算，结果如图 2-15 所示。与图 2-14 相似，图 2-15 中仅对测试点进行平均的曲线随着频率的升高呈现出振荡上升的趋势。为便于分析，将其在每隔 20MHz 的频点求 40MHz 频带内的平均值 $<\overline{N_{\mathrm{eff}}}>_f$。显然，频率平均后有效搅拌数、搅拌效率随着频率的升高单调增加。

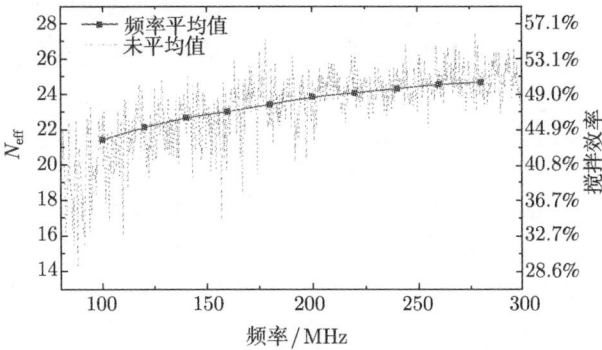

图 2-15 异步步进 7×7 个位置时搅拌器独立位置数变化曲线

将图 2-15 中频率平均值与图 2-10 中采用标准评价准则、不同搅拌器步进顺序所得计算结果的频率平均值进行比较，如图 2-16 所示。由图可知，随着频率的升

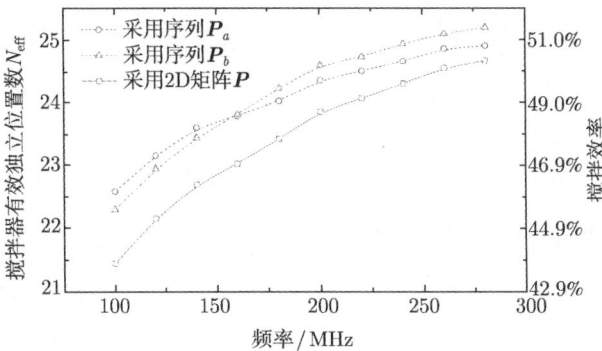

图 2-16 不同方法有效独立位置数计算数据比较

高，3 条曲线均呈现出相同的增大趋势。其中，采用新评价准则的计算结果略低于采用标准评价准则的计算结果。这是由于采用二维矩阵计算搅拌器有效独立位置数的方法完整地反映了搅拌器步进方式与位置的空间信息，整体的相关系数水平要高于采用标准评价准则的计算结果。

综上所述，采用双搅拌器异步步进独立位置数计算新准则计算搅拌器有效独立位置数时，完整地反映了搅拌器所步进的位置信息，有效解决了由于维度信息缺失导致相关性非唯一量化的问题，实现了对双搅拌器异步步进时搅拌器有效位置数的准确计算。

2.4   评估搅拌器有效独立位置数的通用准则

双搅拌器异步步进有效位置数计算准则是基于接收功率矩阵相关系数的计算，因此将上述方法从二维空间扩展至 N 维空间，即可得到评估搅拌器有效独立位置数的通用准则。

2.4.1   评估搅拌器有效独立位置数的步骤

假设混响室中配有 q 个搅拌器，第 m 个搅拌器一周步进 n_m 个位置，所有搅拌器步进一周共可以提供 $n_1 \times n_2 \times \cdots \times n_q$ 个搅拌器位置。若 $q = 1$，则表示搅拌器以同步步进的方式搅拌，若 q 为大于 1 的整数，则表示搅拌器以异步步进的方式搅拌。

(1) 记录混响室工作区域内某测试点在每个搅拌器位置下的归一化接收功率 $P_{i_1 i_2 \cdots i_q}$，其中，$i_m \in \{1, 2, \cdots, n_m\}$，$P_{i_1 i_2 \cdots i_q}$ 表示第一个搅拌器步进至第 i_1 个位置，第二个搅拌器步进至第 i_2 个位置，$\cdots$，第 q 个搅拌器步进第 i_q 个位置时某测试点的归一化接收功率，n_m 表示第 m 个搅拌器的步进位置数。记录的 $P_{i_1 i_2 \cdots i_q}$ 组成未平移前的 q 维接收功率数组：

$$\boldsymbol{P}_{\underbrace{0 \cdots 0}_{q}} = (P_{i_1 i_2 \cdots i_q}) \in \boldsymbol{R}^{n_1 \times n_2 \times \cdots \times n_q} \tag{2-47}$$

(2) 将 $\boldsymbol{P}_{\underbrace{0 \cdots 0}_{q}}$ 中各元素沿数组的各维度方向进行循环平移，共可得 $n_1 \times n_2 \times \cdots \times n_q$ 个平移后的数组 $\boldsymbol{P}_{i_1 i_2 \cdots i_q}$。其中，$\boldsymbol{P}_{i_1 i_2 \cdots i_q}$ 表示沿数组维度 1 方向平移 i_1 次，沿数组维度 2 方向平移 i_2 次，$\cdots$，沿数组维度 q 方向平移 i_q 次后的接收功率数组。

(3) 计算原始数组 $\boldsymbol{P}_{\underbrace{0 \cdots 0}_{q}}$ 与平移后数组 $\boldsymbol{P}_{i_1 i_2 \cdots i_q}$ 的相关系数，并组成相关系数数组 $\boldsymbol{R}$：

$$\gamma_{i_1 i_2 \cdots i_q} = \frac{\displaystyle\sum_{a_1=1}^{n_1} \sum_{a_2=1}^{n_2} \cdots \sum_{a_q=1}^{n_q} \boldsymbol{P}_{\underbrace{0\cdots0}_{q}}(a_1, a_2, \cdots, a_q)\boldsymbol{P}_{i_1 i_2 \cdots i_q}(a_1, a_2, \cdots, a_q) - n\overline{P}^2}{\displaystyle\sum_{a_1=1}^{n_1} \sum_{a_2=1}^{n_2} \cdots \sum_{a_q=1}^{n_q} (\boldsymbol{P}_{\underbrace{0\cdots0}_{q}}(a_1, a_2, \cdots, a_q) - \overline{P})^2}$$

$$(2\text{-}48)$$

式中，$\overline{P}$ 表示 $\boldsymbol{P}_{\underbrace{0\cdots0}_{q}}$ 中所有元素的平均值。

(4) 量化相关系数数组，计算搅拌器有效独立位置数。首先，求相关系数数组 $\boldsymbol{R}$ 的长度：

$$\|\boldsymbol{R}\| = \left\{ \sum_{i_1=1}^{n_1} \sum_{i_2=1}^{n_2} \cdots \sum_{i_q=1}^{n_q} (\gamma_{i_1 i_2 \cdots i_q}^2) \right\}^{\frac{1}{2}} \tag{2-49}$$

由式 (2-45) 可计算搅拌器有效独立位置数：

$$N_{\text{eff}} = \frac{n_1 \times n_2 \times \cdots \times n_q}{\|\boldsymbol{R}\|^2} = n_1 \times n_2 \times \cdots \times n_q \Bigg/ \sum_{i_1=1}^{n_1} \sum_{i_2=1}^{n_2} \cdots \sum_{i_q=1}^{n_q} (\gamma_{i_1 i_2 \cdots i_q}^2) \quad (2\text{-}50)$$

当多搅拌器同步步进时，由于不存在不同搅拌器相互间的位置关系，所以可视为单搅拌器步进。因此，该准则既适用于同步步进时的搅拌器有效独立位置数的计算，也适用于异步步进时的搅拌器有效位置数的计算。

2.4.2 三搅拌器异步步进时有效独立位置数的计算实例

以图 1-6 所示混响室为基础，添加第二个横搅拌器构成三搅拌器结构，架构如图 2-17 所示。三搅拌器采用异步步进的工作方式，其中，每个横搅拌器一周步进 3 个位置，竖搅拌器步进 4 个位置，共提供 $3 \times 3 \times 4 = 36$ 个搅拌器位置。

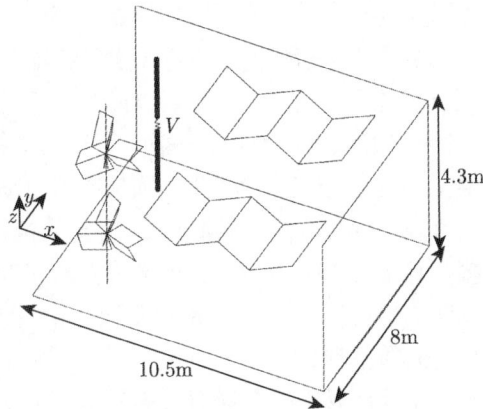

图 2-17 三搅拌器混响室模型

同样采用场强平方替代接收功率的方法，计算混响室工作区域内 36 个测试点在 80~300MHz 频段内 955 个频点的搅拌器有效独立位置数，36 个测试点有效独立位置数计算结果的平均值随工作频率的变化关系如图 2-18 所示。

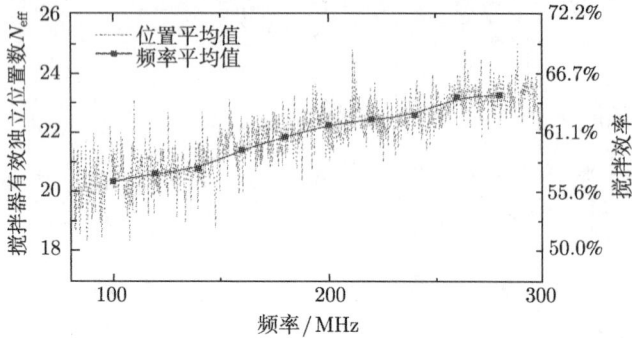

图 2-18　三搅拌器异步步进 $3 \times 3 \times 4$ 个位置时搅拌器独立位置数变化曲线

与双搅拌器异步步进结果类似，图中未对频率平均的曲线随着频率的升高呈现出振荡上升的趋势，对频率平均后的搅拌器有效独立位置数随着频率的升高单调上升。

而如果采用传统的搅拌器独立位置数标准评价准则进行计算，三搅拌器异步步进则会存在如下 6 种不同顺序的接收功率向量。

(1) 横搅拌器 1 每步进一周横搅拌器 2 步进一次，直至横搅拌器 2 步进一周；横搅拌器 2 每步进一周竖搅拌器步进一次，直至竖搅拌器步进一周。

(2) 横搅拌器 1 每步进一周竖搅拌器步进一次，直至竖搅拌器步进一周；竖搅拌器每步进一周横搅拌器 2 步进一次，直至横搅拌器 2 步进一周。

(3) 横搅拌器 2 每步进一周竖搅拌器步进一次，直至竖搅拌器步进一周；竖搅拌器每步进一周横搅拌器 1 步进一次，直至横搅拌器 1 步进一周。

(4) 横搅拌器 2 每步进一周横搅拌器 1 步进一次，直至横搅拌器 1 步进一周；横搅拌器 1 每步进一周竖搅拌器步进一次，直至竖搅拌器步进一周。

(5) 竖搅拌器每步进一周横搅拌器 1 步进一次，直至横搅拌器 1 步进一周；横搅拌器 1 每步进一周横搅拌器 2 步进一次，直至横搅拌器 2 步进一周。

(6) 竖搅拌器每步进一周横搅拌器 2 步进一次，直至横搅拌器 2 步进一周；横搅拌器 2 每步进一周横搅拌器 1 步进一次，直至横搅拌器 1 步进一周。

6 种不同顺序的接收功率向量必将得到 6 个不同的相关系数矩阵，随之必然导致搅拌器有效独立位置数的不唯一。图 2-19 给出了采用 6 种不同顺序的接收功率向量按 IEC61000-4-21 标准计算的搅拌器有效独立位置数及按通用准则的计算结果，其中图中所有曲线均为混响室测试区域内 36 个测试点在 40MHz 频率范围内的搅拌器有效独立位置数平均值。

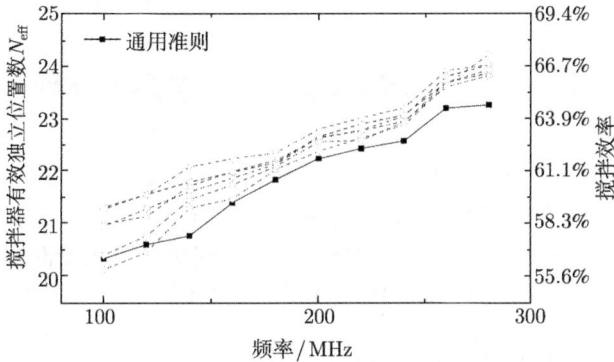

图 2-19 采用不同记录向量与三维数组计算的搅拌器有效独立位置数对比

由图 2-19 可知，与图 2-16 类似，随着频率的升高，7 条曲线呈现出单调增大的趋势。由于采用通用准则计算搅拌器有效独立位置数能完整地反映搅拌器步进方式与位置的空间信息，所以采用通用准则所获得的搅拌器有效独立位置数略低于其他 6 条曲线，同时验证了对图 2-16 中现象判断的正确性。

第3章　混响室功率损耗分析

混响室功率损耗主要包括蜂窝波导通风窗及孔缝的功率损耗、腔体和搅拌器表面趋肤效应造成的热损耗以及天线系统的功率损耗。若采用电磁场数值计算方法仿真一个与实际混响室结构一致的损耗模型，仅搅拌器和蜂窝波导通风窗两处就会产生大量剖分单元，且混响室结构复杂，若按照其实际结构建模，难度以及计算量都是巨大的。

为有效提高混响室的仿真效率，可从理论上分别计算混响室内蜂窝波导通风窗、腔体、搅拌器及天线因素造成的混响室功率损耗，并分析各因素在不同频段所起的主次作用，为简化混响室仿真模型提供理论指导。

3.1　混响室内不同损耗源的功率损耗

对于空载混响室而言，存在的功率损耗主要包括：一是混响室内由于金属材料的趋肤效应所造成的焦耳热损耗；二是电磁波通过耦合由天线系统负载阻抗所造成的功率损耗；三是混响室内存在的孔缝系统对电磁波的吸收耗散与能量泄漏。下面分别分析混响室内不同损耗源的功率损耗及其对混响室品质因数的影响。

3.1.1　金属材料的功率损耗

混响室腔体及搅拌器一般由铝板、锌板或镀有一定厚度的铝、锌材料的钢板构成。由于铝、锌的电导率有限，电磁波到达腔体及搅拌器表面将会产生趋肤效应，部分电磁波进入金属材料内部造成热损耗。

由于金属材料的电导率很高 (一般为 $10^5 \sim 10^7 \Omega^{-1} \mathrm{m}^{-1}$ 量级)，在金属表面趋肤深度内会形成较大的传导电流，从而产生焦耳热损耗。金属的趋肤深度 δ 为

$$\delta = \sqrt{\frac{2}{\omega \mu \sigma}} \tag{3-1}$$

式中，ω 表示电磁波的角频率；μ 表示金属的磁导率；σ 表示金属材料的电导率。

通常情况下，进入导体的电磁波就是金属的热损耗，金属表面能流密度：

$$< \boldsymbol{S} > = \mathrm{Re} \left[\frac{1}{2} \boldsymbol{E} \times \boldsymbol{H}^* \right]_n = \hat{n} \frac{1}{2} H_{\tan}^2 \sqrt{\frac{\omega \mu}{2\sigma}} = \hat{n} \frac{\omega \mu \delta}{2} H_{\tan}^2 \tag{3-2}$$

式中，$\hat{n}$ 表示垂直于金属表面的法向单位矢量；$H_{\tan}$ 表示金属表面的磁场强度切向分量。

由相关文献可知，混响室内金属表面的磁场强度切向分量平均值：

$$< |H_{\tan}|^2 > = \frac{4U}{3\mu_0} \tag{3-3}$$

式中，U 为混响室内电磁波的平均能量密度：

$$U = \varepsilon_0 < E >^2 \tag{3-4}$$

式中，ε_0 表示真空中的电容率；$< E >$ 表示混响室内电场强度的统计平均值。

由式 (3-2) 与式 (3-3) 可知，金属表面单位面积的损耗功率为

$$P_{\text{unit}} = \frac{2\omega\delta\mu_{\text{r}}U}{3} = \frac{2}{3}\omega\delta\mu_{\text{r}}\varepsilon_0\langle E\rangle^2 \tag{3-5}$$

式中，μ_{r} 为金属材料的相对磁导率。

因此，混响室内金属材料的总损耗功率：

$$P_{\text{metal}} = P_{\text{unit}} \cdot S = \frac{2}{3}\omega\delta\mu_{\text{r}}\varepsilon_0 S\langle E\rangle^2 \tag{3-6}$$

式中，S 为混响室腔体内壁与搅拌器的表面积总和。

衡量混响室金属材料电磁功率损耗的品质因数 Q_{metal} 可表示为

$$Q_{\text{metal}} = \frac{\omega UV}{P_{\text{metal}}} = \frac{3V}{2\mu_{\text{r}}S\delta} \tag{3-7}$$

式中，V 为混响室的体积。

3.1.2 蜂窝波导通风窗的功率损耗

混响室内孔缝系统主要为腔体壁通风窗。为满足对混响室屏蔽效能的设计要求，避免腔体内与空间环境的互相干扰，减少腔体内能量泄漏，通常通风窗窗口应采用蜂窝式波导结构设计。

由于通风窗特性阻抗与自由空间波阻抗不匹配，当电磁波从空气中到达蜂窝波导通风窗时，将在两种媒质的交界面处产生反射与透射：大部分电磁波反射回到混响室内部，极少部分则进入通风窗造成能量损耗。根据通风窗的功率流反射系数，能够计算蜂窝波导通风窗的能量损耗。由功率流反射系数定义：

$$\rho = \left|\frac{E^{\text{r}}}{E^{\text{i}}}\right|^2 = \left|\frac{Z_{\text{V}} - Z_{\text{a}}}{Z_{\text{V}} + Z_{\text{a}}}\right|^2 \tag{3-8}$$

式中，E^{i}、E^{r} 分别代表入射波与反射波电场强度；Z_{V}、Z_{a} 分别代表通风窗和入射波特征阻抗。需要注意的是，当蜂窝波导组合为通风窗后，由于相邻波导相互影响，通风窗的波阻抗不再等于单个蜂窝波导波阻抗的线性组合，而是一个未知量，此时

无法直接通过式 (3-8) 计算功率流反射系数。为此，需要首先计算通风窗的反射系数，由反射损耗与反射系数关系式，最终得到通过蜂窝波导通风窗的损耗功率。

由于蜂窝波导中单个波导的尺寸很小，可近似视为小孔。那么蜂窝波导通风窗可近似为一系列小孔形成的孔阵。根据反射损耗的定义，孔阵的反射损耗可表示为

$$R(\text{dB}) = 20 \lg \frac{|1+k|^2}{4|k|} - 10 \lg(AN) \tag{3-9}$$

式中，A 为单孔的面积；N 为单位面积内孔的数量；k 为单孔波阻抗 Z_a 与输入波波阻抗 Z_w 的比值：

$$k = Z_a/Z_w \tag{3-10}$$

蜂窝波导中单个波导一般为正六边形，按照通风窗的设计要求，混响室的最高工作频率 f 一般远低于蜂窝波导的截止频率 f_c。为便于计算，蜂窝波导波阻抗可近似等价为矩形波导主模 TE_{10} 的波阻抗：

$$Z_a \approx \eta_{\text{TE}_{10}} = \frac{\eta_0}{\sqrt{1 - \left(\dfrac{\lambda}{2a}\right)^2}} \approx \frac{\text{j}\eta_0 f}{f_c}, \quad f \ll f_c \tag{3-11}$$

$$f_c = \frac{c_0}{2a} \tag{3-12}$$

式中，c_0 为真空中的光速；η_0 为自由空间波阻抗；λ 为电磁波的自由空间波长；a 为蜂窝波导管内壁的最大宽度。

由于蜂窝波导一般配置于混响室内激励天线的远场处，此时输入电磁波的波阻抗即为 η_0，则

$$k = \text{j}f/f_c \tag{3-13}$$

孔阵的反射损耗可表示为

$$R(\text{dB}) = 20 \lg \frac{f^2 + f_c^2}{4ff_c} - 10 \lg(AN) \tag{3-14}$$

由功率反射系数与反射损耗的关系式：

$$R(\text{dB}) = -10 \lg T_p \tag{3-15}$$

将式 (3-14) 与式 (3-15) 联立求解，得到蜂窝波导的功率透射系数 T_p：

$$T_p = \frac{16 f^2 f_c^2 AN}{(f_c^2 + f^2)^2} \tag{3-16}$$

混响室内平均能流密度可表示为

$$< \overline{|\boldsymbol{S}_c|} > = \frac{< E >^2}{\eta_0} \tag{3-17}$$

因此，混响室内通风窗的总损耗功率为

$$P_{\text{aperture}} = \frac{N_h S_h < E >^2}{\eta_0} T_p = \frac{16 N_h S_h f^2 f_c^2 A N}{\eta_0 (f_c^2 + f^2)^2} < E >^2 \tag{3-18}$$

式中，N_h 表示混响室内通风窗的个数；S_h 表示每个通风窗的面积。

进而，衡量蜂窝波导通风系统功率损耗的品质因数 Q_{aperture} 可表示为

$$Q_{\text{aperture}} = \frac{\omega U V}{P_{\text{aperture}}} = \frac{\pi V (f_c^2 + f^2)^2}{8 c_0 N_h S_h A N f f_c^2} \tag{3-19}$$

3.1.3 混响室内天线系统功率损耗

混响室内天线系统主要包括发射天线和接收天线，其中发射天线激励信号对外辐射电磁波，接收天线通过场的耦合效应对电磁场进行测量。由于混响室为封闭的谐振腔体，当激励信号通过发射天线辐射电磁波时，电磁波将经腔体壁不断反射，部分场能量也会被发射天线吸收。因此在混响室中，电磁波的传播过程中存在两处天线损耗：一是电磁波耦合至接收天线，通过衰减器、接收机和天线内阻所耗散的功率；二是发射天线在辐射电磁波的同时也将接收电磁波，通过发射天线负载阻抗和天线内阻所耗散的功率。

接收天线所接收的功率 P_R 可表示为混响室内平均能流密度 $|\overline{\boldsymbol{S}}_c|$ 与接收天线平均有效接收面积 $< A_e >$ 的乘积，即

$$P_R = < A_e > |\overline{\boldsymbol{S}}_c| \tag{3-20}$$

通常天线的有效接收面积可表示为

$$A_e = pq \frac{\lambda^2 D(\theta, \phi)}{4\pi} \tag{3-21}$$

式中，p 表示极化匹配因子；q 表示阻抗匹配因子；λ 为自由空间波长；D 表示当入射电磁波方向为 (θ, φ) 时的天线方向系数。

在混响室内，由于电磁波随机极化，可以认为平均极化匹配因子为 0.5；同样，混响室内电磁场各向同性，对 D 在不同方向角入射电磁波取平均，天线的平均方向系数可取为 1。一般而言，天线使用时应该做到阻抗匹配，$q = 1$。因此：

$$< A_e > = \frac{\lambda^2}{8\pi} \tag{3-22}$$

将式 (3-17)、式 (3-22) 代入式 (3-20)，得到混响室内天线的损耗功率为

$$P_{\mathrm{R}} = \frac{<E>^2 \lambda^2}{8\pi\eta_0} \tag{3-23}$$

考虑到混响室校准时需同时使用发射天线和接收天线，此时混响室天线系统的总耗散功率提高一倍：

$$P_{\mathrm{antenna}} = P_{\mathrm{Rt}} + P_{\mathrm{Rr}} = \frac{<E>^2 \lambda^2}{4\pi\eta_0} \tag{3-24}$$

衡量混响室内天线系统功率损耗的品质因数 Q_{antenna} 可表示为

$$Q_{\mathrm{antenna}} = \frac{\omega U V}{P_{\mathrm{antenna}}} = \frac{8\pi^2 V}{\lambda^3} \tag{3-25}$$

3.2　混响室电磁损耗规律

3.1 节分别给出了混响室内不同损耗源的功率损耗及其对混响室品质因数的影响公式，为比较各损耗源在不同频段下的功率损耗水平，以图 1-6 所示混响室为例进行计算与对比分析。

图 3-1 给出了图 1-6 所示混响室 (10.5m×8m×4.3m) 的结构示意图，其配备有6 个蜂窝波导通风窗。每块通风窗尺寸为 58cm×58cm，约含有一万个蜂窝波导管，单个蜂窝波导管内壁的最大宽度为 0.58cm。

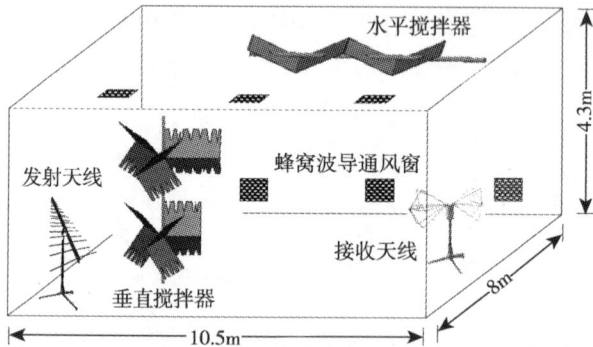

图 3-1　配备有 6 个蜂窝波导通风窗的混响室

3.2.1　不同频段损耗因素对比分析

混响室品质因数 Q 是衡量混响室损耗与储能效率的重要参数，一般可表示为

$$Q = \frac{\omega V U}{P_{\mathrm{dissipated}}} \tag{3-26}$$

式中，ω 表示混响室内电磁波的工作角频率；V 表示混响室腔体内部体积；U 为混响室平衡时所存储的能量；$P_{\mathrm{dissipated}}$ 为混响室平衡时电磁波的平均能量密度。

由式 (3-26) 可知，混响室的品质因数 Q 与衡量不同损耗源功率损耗的品质因数 Q_i 之间的关系为

$$Q^{-1} = \sum_{i=1}^{n} Q_i^{-1} \tag{3-27}$$

式中，n 表示混响室内所含有功率损耗源的个数。混响室的功率损耗源主要包括金属材料、蜂窝波导通风窗与天线系统，其相应的品质因数 Q_i 分别为式 (3-7)、式 (3-19) 和式 (3-25)。

采用式 (3-7)、式 (3-19) 和式 (3-25) 分别计算给出混响室中不同损耗源的品质因数 Q_i，并按式 (3-27) 计算混响室的总品质因数，如图 3-2 所示。

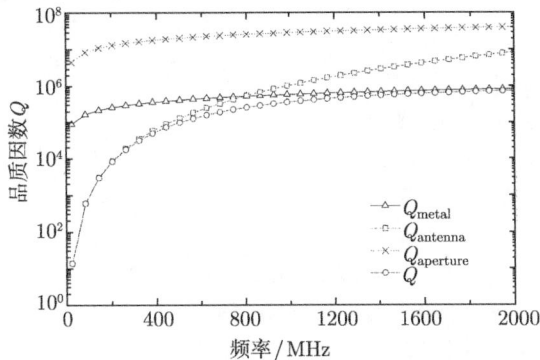

图 3-2　衡量不同损耗源功率损耗的品质因数比较

由图 3-2 可得出如下结论。

(1) 在 2GHz 以下频段，衡量所有损耗源功率损耗的 Q 值均随频率的升高呈现出增大的趋势，说明混响室低频损耗较高。

(2) 衡量蜂窝波导通风系统功率损耗的 Q_{aperture} 值在全频段内皆远大于其他两种损耗源，说明蜂窝波导通风系统所造成的能量损耗远小于金属材料和天线系统，在低频段不是混响室的主体损耗，可忽略不计。

(3) 当混响室工作于低频段时，$Q_{\mathrm{antenna}} \ll Q_{\mathrm{metal}}$，此时混响室的主要损耗源为天线系统，其他损耗可以忽略；当混响室工作于中频段时，Q_{antenna} 与 Q_{metal} 基本保持同一水平，此时混响室的功率损耗由天线系统与金属材料共同构成；而当混响室工作于高频段时，$Q_{\mathrm{antenna}} > Q_{\mathrm{metal}}$，且 Q_{metal} 逐渐处于平稳状态，而 Q_{antenna} 仍呈现缓慢上升趋势，此时混响室的功率损耗主体为金属材料所造成的焦耳热损耗。

可以预见，随着频率的进一步升高，当混响室的工作频率接近或超过蜂窝波导的截止频率后，孔缝损耗将上升为第一位。但是，设计时要求波导的截止频率远高于混响室的工作频率，因此孔缝损耗一般不会大于金属材料和天线的损耗。

3.2.2　混响室电磁损耗规律普适性验证

为研究 Q_{metal}、$Q_{antenna}$ 分别对总品质因数 Q 起主要作用的频段，并使得研究结果更具有普适性，采用国内外已建成的 9 个具有代表性的实际混响室的尺寸、材料等参数，依据式 (3-7)、式 (3-25) 和式 (3-27)，分别计算衡量混响室金属材料电磁功率损耗的品质因数 Q_{metal} 值、衡量混响室内天线系统功率损耗的品质因数 $Q_{antenna}$ 值和混响室的品质因数 Q 值。该 9 个混响室样本基本涵盖了各种用途的混响室结构尺寸，分别用以进行飞机、汽车、坦克、小型设备、箱体等的辐射抗扰度、辐射发射测试以及屏蔽效能测试。按照最低谐振频率由小到大顺序排列 9 个样本混响室，如图 3-3 所示。

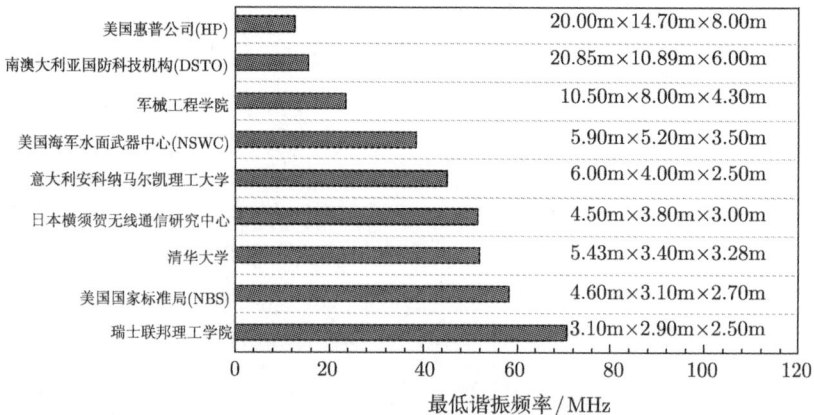

机构	尺寸
美国惠普公司(HP)	20.00m×14.70m×8.00m
南澳大利亚国防科技机构(DSTO)	20.85m×10.89m×6.00m
军械工程学院	10.50m×8.00m×4.30m
美国海军水面武器中心(NSWC)	5.90m×5.20m×3.50m
意大利安纳马尔凯理工大学	6.00m×4.00m×2.50m
日本横须贺无线通信研究中心	4.50m×3.80m×3.00m
清华大学	5.43m×3.40m×3.28m
美国国家标准局(NBS)	4.60m×3.10m×2.70m
瑞士联邦理工学院	3.10m×2.90m×2.50m

图 3-3　9 个典型混响室尺寸、最低谐振频率及隶属机构

以图 3-3 中 HP 和 NSWC 混响室为例，分别计算 Q_{metal}(搅拌器的表面积近似为腔体 6 个面中面积最大的一面，腔体为铝材料)、$Q_{antenna}$ 及总品质因数 Q，结果如图 3-4 和图 3-5 所示。与图 3-2 中混响室类似，HP 及 NSWC 混响室的总品质因数 Q 在低频段近似等于 $Q_{antenna}$，这说明混响室总损耗在低频段主要为天线损耗，且频率越低，此趋势越显著；而随着频率的增大，总品质因数则逐渐由 Q_{metal} 决定，尤其在高频段，Q 近似等于 Q_{metal}，从而说明在高频段，混响室总损耗主要为腔体及搅拌器产生的热损耗。图 3-3 中其他样本混响室的 Q_{metal}、$Q_{antenna}$ 与 Q 的关系与图 3-4、图 3-5 相似，在此不再赘述。

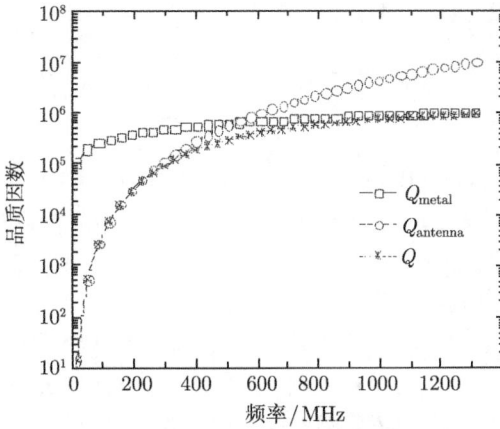

图 3-4 HP 公司混响室品质因数理论计算结果

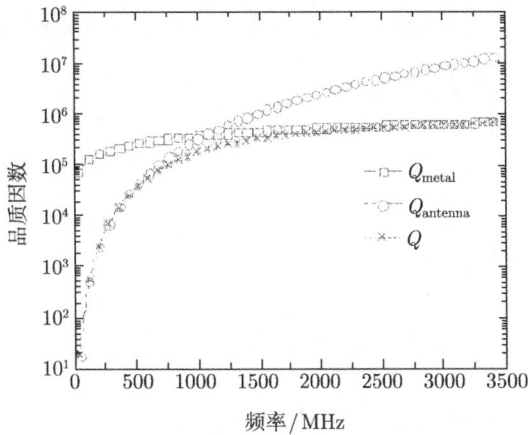

图 3-5 NSWC 品质因数理论计算结果

由于混响室的品质因数 Q 与功率损耗呈反比关系，可以认为当 $Q_{\mathrm{metal}} > 10Q_{\mathrm{antenna}}$ 时，由混响室金属材料造成的功率损耗可忽略不计，此时的频率范围为 $f \in [f_{\mathrm{LUF}}, f_{\mathrm{antenna}}]$，$f_{\mathrm{antenna}}$ 表示天线系统作为混响室能量损耗主体的临界上限频率，综合利用式 (3-1)、式 (3-7) 和式 (3-25) 求解可得

$$f_{\mathrm{antenna}} = \left(\frac{3c_0^3 \sqrt{\pi\mu\sigma}}{160\pi^2 \mu_{\mathrm{r}} S} \right)^{\frac{2}{5}} = 101 \left(\frac{1}{S} \sqrt{\frac{\sigma}{\mu_{\mathrm{r}}}} \right)^{\frac{2}{5}} (\mathrm{MHz}) \tag{3-28}$$

同理，当 $Q_{\mathrm{antenna}} > 10Q_{\mathrm{metal}}$ 时，由天线系统造成的损耗功率可忽略不计，此时的频率范围为 $f \in [f_{\mathrm{metal}}, f_{\mathrm{M}}]$，其中，$f_{\mathrm{M}}$ 为远低于蜂窝波导截止频率的工作频率，f_{metal} 表示金属材料作为混响室能量损耗主体的临界下限频率，综合利用

式 (3-1)、式 (3-7) 和式 (3-25) 求解可得

$$f_{\text{metal}} = \left(\frac{15c_0^3 \sqrt{\pi\mu\sigma}}{8\pi^2 \mu_{\text{r}} S} \right)^{\frac{2}{5}} = 636 \left(\frac{1}{S} \sqrt{\frac{\sigma}{\mu_{\text{r}}}} \right)^{\frac{2}{5}} \text{(MHz)} \tag{3-29}$$

对图 1-6 所示混响室 (10.5m × 8m × 4.3m) 而言，其最低谐振频率 $f_{\text{LRF}} = 23.7\text{MHz}$，最低可用频率 f_{LUF} 约为 80MHz。腔体采用高反射率的铝板制作，电导率与相对磁导率之比为 4.4×10^6 S/m，天线系统作为损耗主体的临界上限频率 $f_{\text{antenna}} = 194\text{MHz}$，金属材料作为混响室能量损耗主体的临界下限频率 $f_{\text{metal}} = 1.22\text{GHz}$。因此，当 $f \in [80, 194]\text{MHz}$ 时，可完全忽略金属材料所产生的功率损耗。由于高频时混响室具有较高的模式密度，工作区域内可形成统计上足够均匀的场，因此实际建造设计时应更多地考察混响室处于低频时的工作性能。

第4章 混响室的时频域建模

混响室的场均匀性与归一化场强是衡量混响室技术性能的重要指标,尤其是归一化场强直接决定着混响室内电磁环境模拟的效率,在建造混响室前必须通过仿真分析进行预估,以决定所配置的功率放大器等设备性能。

在建造混响室前,混响室的设计合理性与可行性只能通过仿真方法进行验证。近些年,采用数值计算方法研究有关混响室的问题屡见不鲜,按采用的电磁场数值计算方法不同可分为时域仿真和频域仿真,无论采用何种方法进行仿真分析,均首先要解决建模问题。

4.1 混响室时域建模

由于混响室的工作频段极宽,当考察混响室的宽频特征时,若不关注场形成的物理过程,采用时域的计算方法较为合适,采用时频变换的方法通过一次仿真即可获取很宽频段的信息。

4.1.1 时域有限差分算法概述

适用于混响室的电磁场时域数值计算方法主要包括时域有限差分算法 (Finite-Difference Time-Domain, FDTD) 和传输线矩阵法 (Transmission Line Matrix, TLM),其中以 FDTD 算法应用最为广泛。为此,本节主要对 FDTD 算法及混响室 FDTD 仿真建模进行介绍。

1) FDTD 迭代方程

麦克斯韦旋度方程为

$$\nabla \times \boldsymbol{H} = \frac{\partial \boldsymbol{D}}{\partial t} + \boldsymbol{J} \tag{4-1}$$

$$\nabla \times \boldsymbol{E} = -\frac{\partial \boldsymbol{B}}{\partial t} - \boldsymbol{J}_m \tag{4-2}$$

式中,$\boldsymbol{J}_m$ 为磁流密度,引入 $\boldsymbol{J}_m$ 的目的是使方程具有对称性。若以 σ 表示材料的电导率、以 σ_m 表示材料的导磁率,则有

$$\boldsymbol{J} = \sigma \boldsymbol{E}, \quad \boldsymbol{J}_m = \sigma_m \boldsymbol{H} \tag{4-3}$$

在直角坐标系中, 式 (4-1) 和式 (4-2) 可改写为

$$\begin{cases} \dfrac{\partial H_z}{\partial y} - \dfrac{\partial H_y}{\partial z} = \varepsilon \dfrac{\partial E_x}{\partial t} + \sigma E_x \\[2mm] \dfrac{\partial H_x}{\partial z} - \dfrac{\partial H_z}{\partial x} = \varepsilon \dfrac{\partial E_y}{\partial t} + \sigma E_y \\[2mm] \dfrac{\partial H_y}{\partial x} - \dfrac{\partial H_x}{\partial y} = \varepsilon \dfrac{\partial E_z}{\partial t} + \sigma E_z \end{cases} \qquad (4\text{-}4)$$

$$\begin{cases} \dfrac{\partial E_z}{\partial y} - \dfrac{\partial E_y}{\partial z} = -\mu \dfrac{\partial H_x}{\partial t} - \sigma_m H_x \\[2mm] \dfrac{\partial E_x}{\partial z} - \dfrac{\partial E_z}{\partial x} = -\mu \dfrac{\partial H_y}{\partial t} - \sigma_m H_y \\[2mm] \dfrac{\partial E_y}{\partial x} - \dfrac{\partial E_x}{\partial y} = -\mu \dfrac{\partial H_z}{\partial t} - \sigma_m H_z \end{cases} \qquad (4\text{-}5)$$

为了用差分离散的代数式恰当地描述电磁场在空间的传播特性, Yee 提出了 Yee Cell 结构, 如图 4-1 所示。在该结构中, 每一磁场分量总有 4 个电场分量环绕, 同样, 每一电场分量总有 4 个磁场分量环绕。这种电磁场的空间取样方式不仅符合法拉第电磁感应定律和安培环路定律的结构, 而且电磁场各分量的空间相对位置也适合于 Maxwell 方程的差分计算, 能够恰当描述电磁场的传播特性。

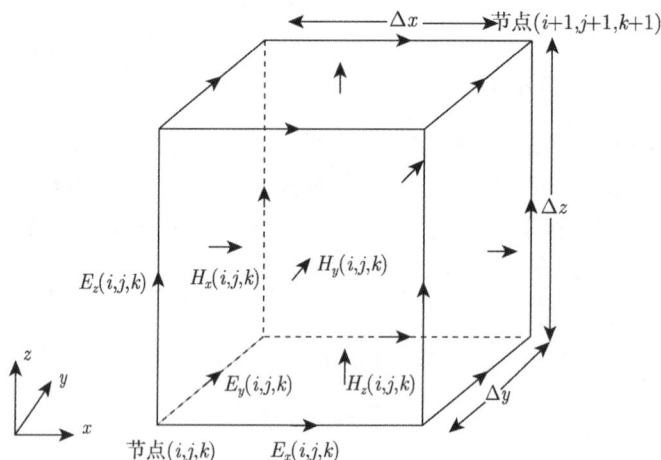

图 4-1　电磁场空间分布的 Yee Cell 结构

2) 数值稳定性

由麦克斯韦旋度方程出发的差分格式, 是按照时间步长递进来计算电磁场在计算域中变化规律的。这种差分格式存在稳定性的问题, 即时间步长必须满足一定的关系, 否则场量将会无限制的增加, 最终导致溢出。

　　数值不稳定的原因不同于误差积累，主要是由于电磁波传播的因果关系被破坏。因此，利用时域有限差分方法进行计算，就必须合理地选择时间步长。

　　FDTD 方法的时间离散间隔的稳定条件，即 Courant-Friedrichs-Lewy 稳定性条件为

$$\Delta t \leqslant \frac{1}{c\sqrt{\dfrac{1}{(\Delta x)^2} + \dfrac{1}{(\Delta y)^2} + \dfrac{1}{(\Delta z)^2}}} \tag{4-6}$$

　　若自由空间中采用均匀立方体网格，$\Delta x = \Delta y = \Delta z = \delta$，则数值稳定性条件简化为

$$\Delta t \leqslant \frac{\delta}{c\sqrt{3}} \tag{4-7}$$

　　平面电磁波在自由空间传播时，电磁波的相速与频率无关，然而，采用时域有限差分法在数值空间模拟这一电磁问题时，FDTD 算法所模拟的计算网络中的波模式会发生数值色散，也就是说 FDTD 网格中数值波模式的相速可能不同于光速。数值波模的传播不仅与频率有关，即与空间网格尺寸有关，还与波传播方向有关。这种色散不同于实际物理色散，仅由有限网格尺寸和数值效应引起的，称为数值色散，它直接影响计算结果的准确度，因此必须加以控制。为避免出现数值色散现象，网格尺寸 Δx、Δy、Δz 取最高频率对应波长 $\lambda_{\min}$ 的二十分之一至十分之一，即

$$\Delta x = \Delta y = \Delta z = \lambda_{\min}/(10 \sim 20) \tag{4-8}$$

3) 混响室 FDTD 建模仿真流程

　　采用 FDTD 方法对混响室内电磁场进行数值计算一般包括初始化计算条件、电磁场迭代求解和数据处理三部分。初始化计算条件时需要设置空间时间步长、搅拌器步进数 N_s、边界条件；设置混响室腔壁、搅拌器和天线的结构及材料参数；添加混响室激励源；定义采样点并选取输出结果。电磁场迭代求解麦克斯韦方程组时，每一步要顺次更新磁场及磁场边界、计算采样点磁场值，更新电场及电场边界、计算采样点电场值。计算完毕，需要对采样点时域值做 FFT 变换得到频域值，输出结果。仿真计算流程如图 4-2 所示。

　　采样点是指计算空间中一点处电场或磁场的一个正交分量，它存储了完整的时域值。FDTD 属于全空间剖分算法，图 4-2 所示仿真流程要初始化所有剖分网格的更新系数，一般由各点处的材料属性决定，如图 4-3 所示。

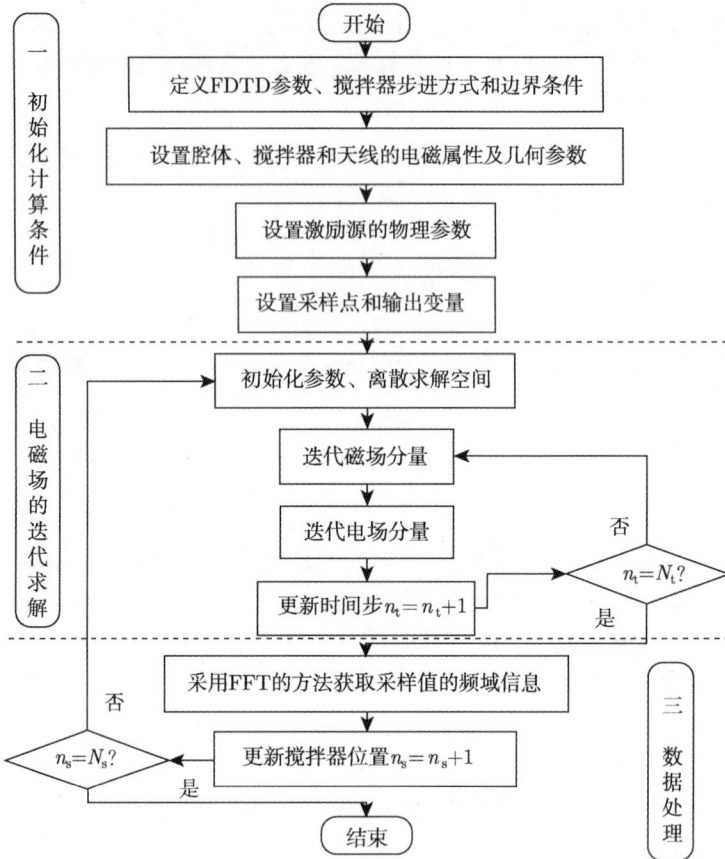

图 4-2 FDTD 算法混响室仿真流程图

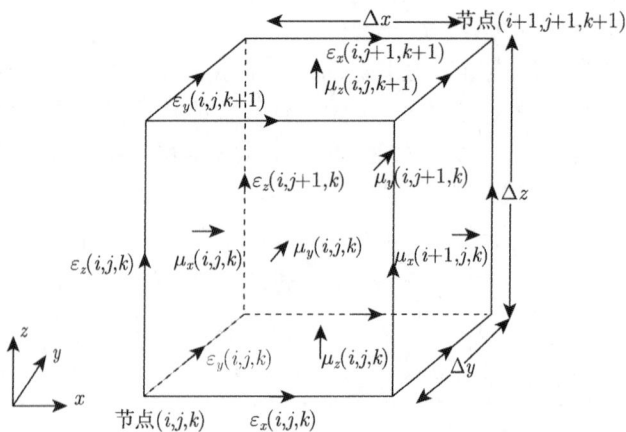

图 4-3 材料属性的空间分布

4.1.2 腔壁建模

由 3.2 节分析可知，当混响室工作于低频时，由天线系统造成的功率损耗远大于金属材料的焦耳热损耗，因此可忽略混响室内金属材料的焦耳热损耗。此时，混响室模型的腔体壁和搅拌器皆可精简为 PEC 材料，天线系统中的负载阻抗为混响室模型的唯一损耗源。为此建模时无须再考虑腔体和搅拌器厚度，可有效降低建模难度和网格数量。采用 FDTD 算法对面板赋予 PEC 属性，首先需要将其剖分为多个面元，进而对面元各边所对应的电导率赋予 PEC 电导率。

图 4-4 给出了面元 $(i,j,k)_{\mathrm{xoy}}$ 的 PEC 属性赋值示例，其中以坐标为 $(i,j,k)_{\mathrm{xoy}}$ 表示阴影网格面，该面元的每个边皆对应一个电导率分量，将这些电导率分量都赋为 PEC 电导率，如下式所示：

$$\begin{aligned}
\sigma_x^e(i,j,k) = \sigma_{\mathrm{pec}}^e, \quad \sigma_x^e(i,j+1,k) = \sigma_{\mathrm{pec}}^e \\
\sigma_y^e(i,j,k) = \sigma_{\mathrm{pec}}^e, \quad \sigma_y^e(i+1,j,k) = \sigma_{\mathrm{pec}}^e
\end{aligned} \tag{4-9}$$

式中，σ_{pec}^e 为 PEC 材料电导率。然而 PEC 材料的电导率为无穷大，为便于程序设计，将其值设为 10^{20} 即可达到相同的效果。

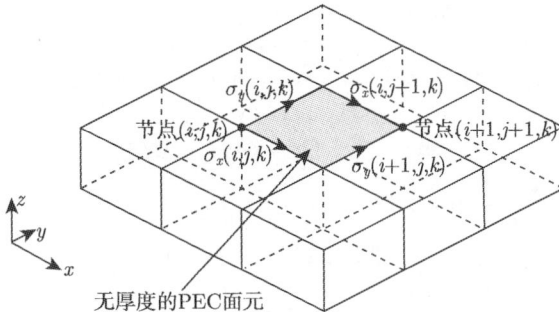

图 4-4 位于 xoy 平面上的 PEC 面元

当混响室的工作频率高于 f_{antenna} 时，可通过设置表面阻抗边界条件 (Surface Impedance Boundary Conditions, SIBC) 计算金属面上的损耗。

4.1.3 搅拌器建模及剖分算法

如前所述，当混响室工作于低频段时，所有搅拌器叶片皆可视为 PEC 材料。然而，与腔体壁不同的是，搅拌器并非为规则的六面体结构，并且当混响室处于工作状态时，搅拌器需要旋转步进不同的位置以改变电磁场的边界条件，用以激发统计均匀、各向同性的电磁场。如何精确地将任意形态的搅拌器离散为 FDTD 网格是仿真计算中的关键。本节介绍一种基于三角面元的 FDTD 网格生成改进算法，该算法适用于剖分厚度近似为零的几何体或是电磁仿真计算中的 PEC 材料表面，即剖分对象为仿真计算中可等价为无厚度面的物体，具体流程如下所述。

1) 将平面多边形进行三角形分割

空间中任意不共线的三点可以确定一个平面，因此一个平面多边形总可以分割成一系列相邻的三角形，如图 4-5 所示。

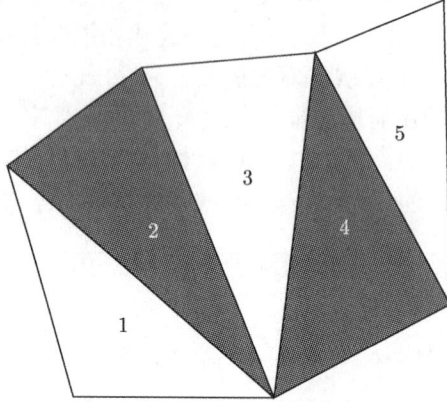

图 4-5   平面的三角形划分

2) 计算三角形所在平面的方程表达式

以图 4-6 所示三角形为例计算其所在平面方程。由于平面法向矢量垂直于平面内的任意一条向量，可知三角形所在平面的法向单位矢量 $\boldsymbol{n}(n_x, n_y, n_z)$ 为

$$\boldsymbol{n} = \boldsymbol{AB} \times \boldsymbol{BC} / |\boldsymbol{AB} \times \boldsymbol{BC}| \tag{4-10}$$

式中，A、B、C 分别为三角形的 3 个顶点。

若 x_a、y_a、z_a 为 A 点坐标，则 $\triangle ABC$ 所在平面的方程可表示为

$$n_x \cdot x + n_y \cdot y + n_z \cdot z - n_x \cdot x_a - n_y \cdot y_a - n_z \cdot z_a = 0 \tag{4-11}$$

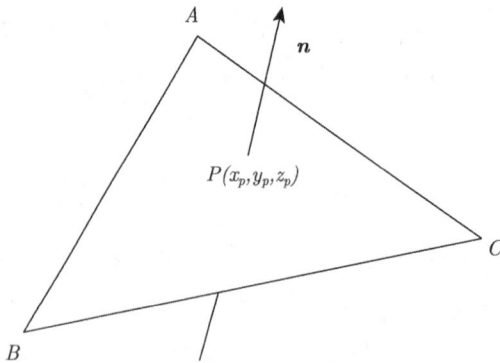

图 4-6 $\triangle ABC$ 及其法向量

3) 投影分割后的三角形

将分割多边形所得三角形向笛卡儿坐标系下的 3 个坐标平面进行投影，如图 4-7 所示。一个不平行于坐标轴的三角形投影后必均为三角形，如果该三角形平行于某坐标轴，则它在与其垂直的笛卡儿平面上必不存在三角形投影，即没有平行于该笛卡儿平面的阶梯网格面。

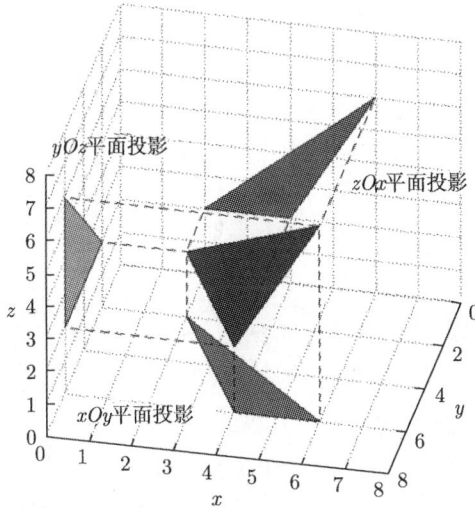

图 4-7 三角形的投影

4) 确定包含三角形投影面的最小矩形区域

该区域由投影三角形的最大与最小值坐标 (对齐网格单元取整后) 决定，如图 4-8 所示。

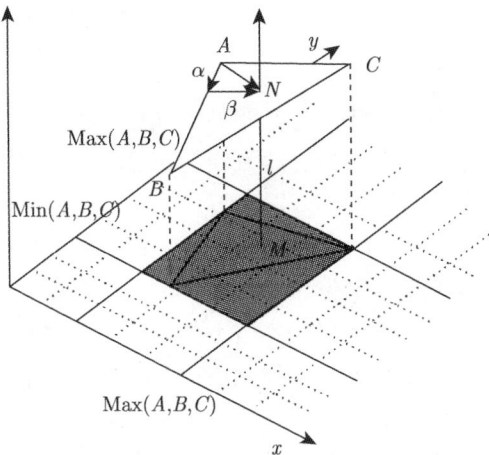

图 4-8 判断算法中最小矩形区域的示图

5) 计算三角形的阶梯近似网格面

以图 4-8 中投影所在矩形区域中某网格面元的中心 M 为起点，沿 z 轴方向引一条射线，与三角形所在的平面相交于点 N。将 M 点 x、y 方向坐标代入式 (4-11)，计算得到 N 点 z 方向坐标，即 MN 长度 l。N 点是否在三角形内，可按如下几何算式进行判断：

$$\alpha \boldsymbol{AB} + \beta \boldsymbol{AC} = \boldsymbol{AN}$$
$$\alpha \geqslant 0, \quad \beta \geqslant 0, \quad \alpha + \beta \leqslant 1 \tag{4-12}$$

如果 α、β 满足条件则认为射线穿过三角形。

若 N 点不在三角形内，则继续遍历下一个投影网格面元；若 N 点在三角形内，将 l 取网格单元的整数倍得到 l'，则距离 xOy 平面为 l' 的网格面元即为所求的网格面元。同理可对 yOz 与 zOx 平面进行网格剖分。

6) 完成网格剖分

重复步骤 5)，直至遍历矩形区域内所有 FDTD 网格单元，同理计算三角形在 yOz 和 zOx 平面的阶梯近似网格。

7) 返回离散后的 FDTD 网格面的位置信息

剖分之后的平面是由一系列的 FDTD 网格面元组成的，这些网格面分别平行于 3 个相互垂直的坐标面，网格面的空间位置信息需要传递至算法用以添加 PEC 边界条件。通常在 FDTD 中，为了以一种简单有序的方法实现算法，常以计算步长为单位采用相对坐标代替真实坐标的形式描述 FDTD 网格中的节点。假设网格节点的真实坐标为 (x, y, z)，将真实坐标分别除以网格长度，得到其相对坐标：

$$rx = \frac{x}{\Delta x}, \quad ry = \frac{y}{\Delta y}, \quad rz = \frac{z}{\Delta z} \tag{4-13}$$

式中，(rx, ry, rz) 即为网格节点的相对坐标。

同样在返回网格面位置信息时也可采用相对坐标的方法表示离散后的网格面元，此时需将最小的相对顶点坐标与相互垂直的 3 个坐标面结合进行描述，如图 4-9 所示，面元可以分别表示为 $(2, 2, 2)_{xOy}$、$(2, 2, 2)_{yOz}$ 和 $(2, 2, 2)_{zOx}$。

8) 对阶梯近似网格面元赋以 PEC 属性

9) 应用上述方法阶梯近似离散每一个分割后的三角形

采用上述 FDTD 网格生成方法对图 3-1 所示混响室搅拌器进行阶梯近似，搅拌器处于初始状态时的网格阶梯近似结果如图 4-10 所示。通过与图 3-1 中的实际搅拌器结构对比可知，搅拌器的网格剖分图与其实际结构有很好的一致性，证明基于三角面元的 FDTD 网格生成算法在处理此类问题上的可行性。

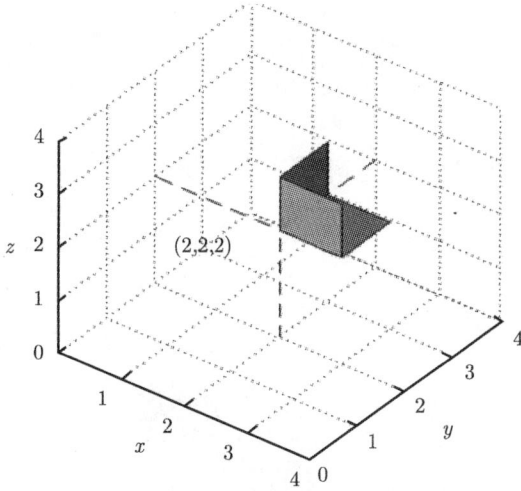

图 4-9 FDTD 网格面返回方法示意图

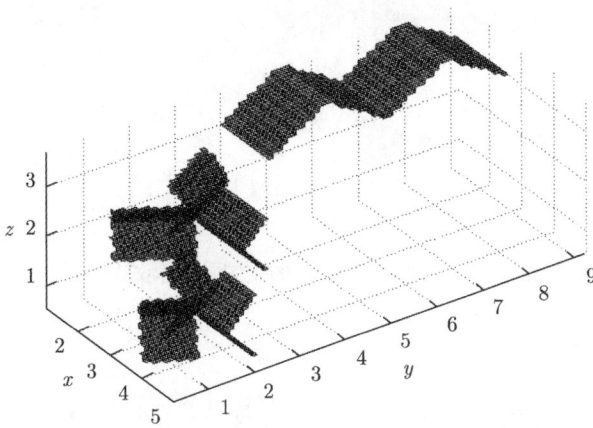

图 4-10 初始状态下搅拌器的 FDTD 网格离散图

4.1.4 搅拌器步进旋转的模拟

混响室工作过程中搅拌器并不是静止不动的，它需要旋转变换位置改变混响室内电磁场的边界条件，实现混响室的统计均匀特性。搅拌器的旋转方式有两种，一种是连续旋转，一种是步进旋转。对于当前的数值计算方法，无法模拟搅拌器的连续旋转。因此，下面从搅拌器步进模式着手，对其工作状态进行模拟计算。

为实现搅拌器在数值计算过程中的自动步进，可通过三维旋转矩阵 $M(v, \theta)$ 求解搅拌器绕单位向量 $v(x, y, z)$ 旋转 θ 角后的坐标，实现搅拌器的自动步进。$M(v, \theta)$

的具体形式如下：

$$
\begin{pmatrix}
\cos\theta + (1-\cos\theta)\cdot x^2 & (1-\cos\theta)\cdot xy - \sin\theta\cdot z & (1-\cos\theta)\cdot xz + \sin\theta\cdot y \\
(1-\cos\theta)\cdot yz + \sin\theta\cdot z & \cos\theta + (1-\cos\theta)\cdot y^2 & (1-\cos\theta)\cdot yz - \sin\theta\cdot x \\
(1-\cos\theta)\cdot zx - \sin\theta\cdot y & (1-\cos\theta)\cdot zy + \sin\theta\cdot x & \cos\theta + (1-\cos\theta)\cdot z^2
\end{pmatrix}
\tag{4-14}
$$

对于图 3-1 所示的混响室，水平、垂直搅拌器的单位旋转向量分别为 (0,1,0) 和 (0,0,1)。图 4-11 给出了垂直、水平搅拌器分别旋转 102.85° 和 51.42° 时搅拌器的 FDTD 网格离散结果图。

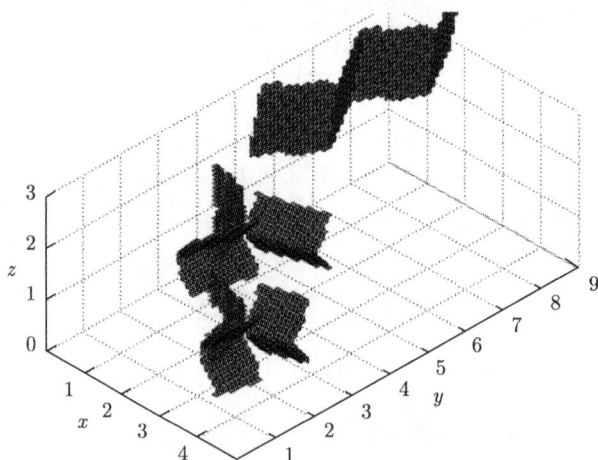

图 4-11　搅拌器分别步进后的网格离散效果图

4.1.5　激励天线建模

在混响室的 FDTD 数值计算中，激励源常见的设置方法有两种：一是采用点源激励方式，如狄拉克点源；二是采用偶极子天线激励。其中，第二种方法更接近实际情况，应用也更普遍。为此，下面仅对第二种方法进行介绍。

1) 基于法拉第电磁感应定律的天线振子建模

偶极子天线由两根半径极小的细导线构成，有关细导线的 FDTD 建模方法有多种，基于法拉第电磁感应定律的方法易于理解且在 FDTD 程序中更易实现。

图 4-12 给出了围绕 $H_y(i,j,k)$ 的 4 个电场分量：$E_x(i,j,k)$，$E_z(i,j,k)$，$E_x(i,j,k+1)$ 和 $E_z(i+1,j,k)$。法拉第电磁感应定律的积分形式为

$$
-\mu\int_S \frac{\partial \boldsymbol{H}}{\partial t}\cdot\mathrm{d}\boldsymbol{s} = \oint_L \boldsymbol{E}\cdot\mathrm{d}\boldsymbol{l}
\tag{4-15}
$$

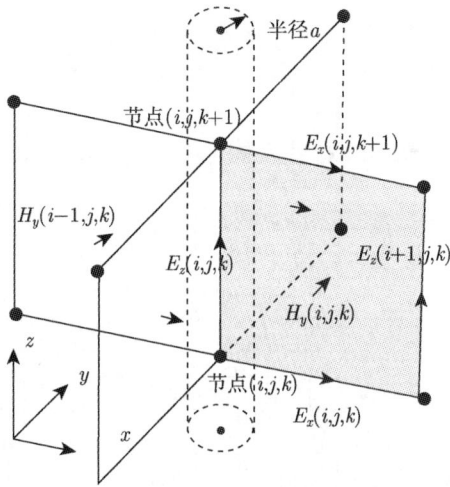

图 4-12 沿 $E_z(i,j,k)$ 方向的细线及附近场

将式 (4-15) 应用至图 4-12 中建立电场与磁场的关系。值得注意的是，围绕细导线的场是 $1/r$ 的函数 (r 为场的位置与导线轴之间的距离)。更为明确的表达方式为

$$H_y(r) = H_{y0}/r \tag{4-16}$$

同理:

$$E_x(r) = E_{x0}/r \tag{4-17}$$

式中，H_{y0}、E_{x0} 为常数。由图 4-12 可知，$H_y(i,j,k)$、$E_x(i,j,k)$ 和 $E_x(i,j,k+1)$ 位于 $r = \Delta x/2$ 处，则

$$H_y\left(\frac{\Delta x}{2}\right) = \frac{2H_{y0}}{\Delta x} = H_y(i,j,k) \tag{4-18}$$

可知

$$H_{y0} = \frac{H_y(i,j,k)\Delta x}{2} \tag{4-19}$$

因此

$$H_y(r) = \frac{H_y(i,j,k)\Delta x}{2r} \tag{4-20}$$

同理可得

$$E_x(r)\,|_{j,k} = \frac{E_x(i,j,k)\Delta x}{2r} \tag{4-21}$$

$$E_x(r)\big|_{j,k+1} = \frac{E_x(i,j,k+1)\Delta x}{2r} \tag{4-22}$$

将式 (4-20)、式 (4-21) 和式 (4-22) 代入式 (4-15) 中，有

$$-\mu \int_{z=0}^{z=\Delta z} \int_{r=a}^{r=\Delta x} \frac{\partial}{\partial t} \frac{H_y(i,j,k)\Delta x}{2r} \mathrm{d}r\mathrm{d}z$$

$$= \int_{z=0}^{z=\Delta z} E_z(i,j,k)\mathrm{d}z + \int_{z=\Delta z}^{z=0} E_z(i+1,j,k)\mathrm{d}z \tag{4-23}$$

$$+ \int_{r=a}^{r=\Delta z} \frac{E_x(i,j,k+1)\Delta x}{2r}\mathrm{d}r + \int_{r=\Delta x}^{r=a} \frac{E_x(i,j,k)\Delta x}{2r}\mathrm{d}r$$

考虑到导线内部场为零，因此积分的下限为 a。对式 (4-23) 应用中心差分近似，得到

$$H_y^{n+1/2}(i,j,k) = c_1(i,j,k)H_y^{n-1/2}(i,j,k)$$
$$+c_2(i,j,k) \times [E_z^n(i+1,j,k) - E_z^n(i,j,k)] \tag{4-24}$$
$$+c_3(i,j,k) \times [E_x^n(i,j,k+1) - E_x^n(i,j,k)]$$

式中

$$c_1(i,j,k) = 1 \tag{4-25}$$

$$c_2(i,j,k) = \frac{2\Delta t}{\mu(i,j,k)\Delta x \ln\left(\dfrac{\Delta x}{a}\right)} \tag{4-26}$$

$$c_3(i,j,k) = -\frac{\Delta t}{\mu(i,j,k)\Delta z} \tag{4-27}$$

由图 4-12 可知，围绕着 $E_z^n(i,j,k)$ 有 4 个磁场分量。因此，其他 3 个磁场分量 $H_y(i-1,j,k)$、$H_x(i,j,k)$ 和 $H_x(i,j-1,k)$ 也需要更新，具体方法与 $H_y(i,j,k)$ 相同，在此不再赘述。

2) "外加源" 式馈电方法

在天线中部取豁口作为激励端口，端口长度为 2 倍空间步长。在端口通过 "外加源" 方式添加具有一定内阻 R_s 的电压源 V_s，如图 4-13 所示。ΔV 是连接节点之间的电势差，V_s 是外加电压源的电动势。

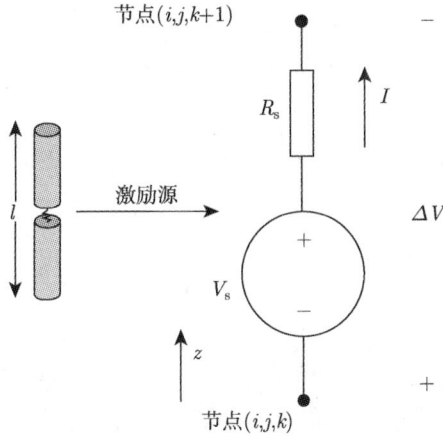

图 4-13 端口处电压源等效电路

安培环路定律的微分形式是

$$\nabla \times \boldsymbol{H} = \varepsilon \frac{\partial \boldsymbol{E}}{\partial t} + \sigma^e \boldsymbol{E} + \boldsymbol{J}_{\mathrm{i}} \tag{4-28}$$

式中，$\sigma^e \boldsymbol{E}$ 是传导电流密度；$\boldsymbol{J}_{\mathrm{i}}$ 是外加电流密度。式 (4-28) 沿 z 轴方向的分量为

$$\frac{\partial E_z}{\partial t} = \frac{1}{\varepsilon_z}\left(\frac{\partial H_y}{\partial x} - \frac{\partial H_x}{\partial y} - \sigma_z^e E_z - J_{\mathrm{iz}}\right) \tag{4-29}$$

由节点电路 (图 4-13)，得到

$$I = \frac{\Delta V + V_{\mathrm{s}}}{R_{\mathrm{s}}} \tag{4-30}$$

式中

$$\Delta V = \Delta z \frac{E_z^{n+1}(i,j,k) + E_z^n(i,j,k)}{2} \tag{4-31}$$

利用电流面密度关系式：

$$J_{\mathrm{iz}}^{n+0.5}(i,j,k) = \frac{I^{n+0.5}}{\Delta x \Delta y} \tag{4-32}$$

对式 (4-29) 进行中心差分离散，并利用式 (4-30)、式 (4-31) 和式 (4-32) 就得到端口处的电场更新公式为

$$\begin{aligned}
E_z^{n+1}(i,j,k) = {} & \frac{c_1(i,j,k)}{c_2(i,j,k)} E_z^n(i,j,k) - \frac{2\Delta t}{c_2(i,j,k)R_{\mathrm{s}}\Delta x \Delta y} V_{\mathrm{s}}^{n+0.5}(i,j,k) \\
& + \frac{2\Delta t}{c_2(i,j,k)\Delta x}[H_y^{n+0.5}(i,j,k) - H_y^{n+0.5}(i-1,j,k)] \\
& - \frac{2\Delta t}{c_2(i,j,k)\Delta y}[H_x^{n+0.5}(i,j,k) - H_x^{n+0.5}(i,j-1,k)]
\end{aligned} \tag{4-33}$$

式中

$$c_1(i,j,k) = 2\varepsilon_z(i,j,k) - \Delta t\sigma_z^e(i,j,k) - \frac{\Delta t\Delta z}{R_s\Delta x\Delta y} \tag{4-34}$$

$$c_2(i,j,k) = 2\varepsilon_z(i,j,k) + \Delta t\sigma_z^e(i,j,k) + \frac{\Delta t\Delta z}{R_s\Delta x\Delta y} \tag{4-35}$$

当 $R_s = 0\Omega$ 时，式 (4-33) 变为

$$E_z^{n+1}(i,j,k) = -E_z^n(i,j,k) - \frac{4\Delta t}{c_2(i,j,k)R_s\Delta x\Delta y\Delta z}V_s^{n+0.5}(i,j,k) \tag{4-36}$$

3) 传输线式馈电模型

Maloney 于 1994 年提出一种传输线式单极子天线馈电模型，能在仿真计算过程中直接记录下端口的反射电压和反射电流。将虚拟的传输线连接到偶极子天线端口处，传输线上电压电流的分布如图 4-14 所示。

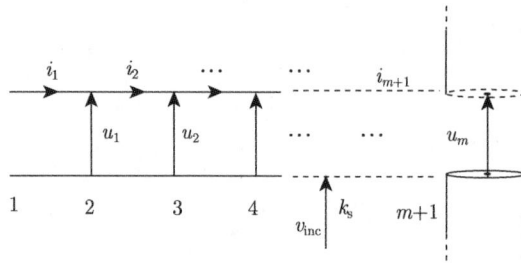

图 4-14　传输线上电压电流分布图

无损传输线方程的 FDTD 求解公式为

$$\begin{cases} i_k^{n+0.5} = i_k^{n-0.5} - \dfrac{1}{Z_0}\dfrac{v_0\Delta t}{\Delta z}(u_k^n - u_{k-1}^n), & k = 2,\cdots,m \\[2mm] u_k^{n+1} = u_k^n - Z_0\dfrac{v_0\Delta t}{\Delta z}(i_{k+1}^{n+0.5} - i_k^{n+0.5}), & k = 1,\cdots,m \end{cases} \tag{4-37}$$

式中，$i_k^{n+0.5}$ 是 k 节点处、$n+0.5$ 时刻的电流，相应的 u 为电压值；Z_0 和 v_0 分别是传输线的特性阻抗和相速度；Δt 和 Δz 是时间步长和空间步长；m 代表传输线的长度。

通过节点 k_s 处的更新公式：

$$\begin{cases} i_{k_s}^{n+0.5} = i_{k_s}^{n-0.5} - \dfrac{1}{Z_0}\dfrac{v_0\Delta t}{\Delta z}(u_{k_s}^n - u_{k_s-1}^n) + \dfrac{v_0\Delta t}{Z_0\Delta z}v_{\text{inc}}^n \\[2mm] u_{k_s}^{n+1} = u_{k_s}^n - Z_0\dfrac{v_0\Delta t}{\Delta z}(i_{k_s+1}^{n+0.5} - i_{k_s}^{n+0.5}) + \dfrac{v_0\Delta t}{\Delta z}v_{\text{inc}}^{n+0.5} \end{cases} \tag{4-38}$$

可以将电压源 v_{inc} 以单向馈电方式 (沿 $k > k_s$ 方向) 代入传输线，使电压电流沿传输线单向传播至线天线的端口处。

在端口处传输线与天线耦合方式如图 4-15 所示。一方面，应该将传输线末端电压代入端口四周磁场的更新公式。由于该公式是由法拉第电磁感应定律在面 S_1 上积分得到的，不难验证令

$$E_z^n(i_0, j_0, k_0) = -\frac{u_m^n}{\Delta z} \tag{4-39}$$

可得到等效的结果，式中，$E_z^n(i_0, j_0, k_0)$ 是坐标点 (i_0, j_0, k_0) 处、n 时刻沿 z 方向的电场强度。计算空间其他位置的电磁场可应用标准的 FDTD 更新格式。

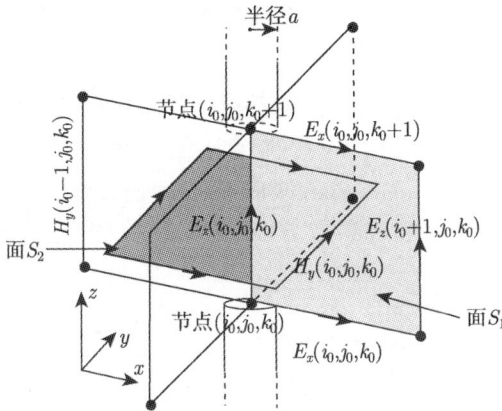

图 4-15 线天线端口示意图

另一方面，将安培环路定律在面 S_2 上积分得到传输线末端 $i_{m+1}^{n+0.5}$ 的更新公式：

$$i_{m+1}^{n+0.5} = \Delta x(H_x \mid_{i_0,j_0-1,k_0}^{n+0.5} - H_x \mid_{i_0,j_0,k_0}^{n+0.5}) + \Delta y(H_y \mid_{i_0,j_0,k_0}^{n+0.5} - H_y \mid_{i_0-1,j_0,k_0}^{n+0.5}) \tag{4-40}$$

式中，$H_x \mid_{i_0,j_0,k_0}^{n+0.5}$ 代表 (i_0, j_0, k_0) 处、$n+0.5$ 时刻的沿 x 方向的磁场强度分量。至此实现了传输线与端口的耦合。

从端口反馈给传输线的电流沿注入方向的反向传播，在始端 $i_1^{n+0.5}$ 应用吸收边界条件，当 $\Delta z/(v_0\Delta t) = 2$ 时，可以令

$$i_1^{n+0.5} = i_2^{n-0.5} \tag{4-41}$$

在这种馈电模型下，输入电压是 v_{inc}，而在节点 $k < k_s$ 处均可直接监测到端口的反射电压。另外，如果 $v_{\text{inc}} = 0$，则可在传输线任意节点处监测到天线的接收电压。

4) 激励电压源形式

常用的激励电压源 V_s 有两种形式，一种是单频正弦信号；另一种是频带宽度为 Δf 的余弦调制高斯脉冲，其表达式为

$$g(t) = \cos[\omega_c(t - t_0)] \times e^{-(t-t_0)^2/\tau^2} \tag{4-42}$$

式中，$\omega_c = 2\pi f_c$，f_c 为脉冲的中心频率；t_0 为时间偏移量，且

$$t_0 = \sqrt{20}\tau \tag{4-43}$$

$$\tau = 0.97/\Delta f \tag{4-44}$$

5) 天线阻抗分析

混响室内发射天线在激励电磁波的同时也接收电磁波，且混响室在低频段的损耗主要为接收天线系统回路损耗。接收天线系统回路的等效电路如图 4-16 所示。其中，V_r 为接收电动势，Z_r 为接收天线内阻，Z_L 为负载阻抗，即接收机阻抗。考虑阻抗匹配，Z_r 和 Z_L 理论上一般取 50Ω，因此该回路的总阻抗可取为 100Ω。

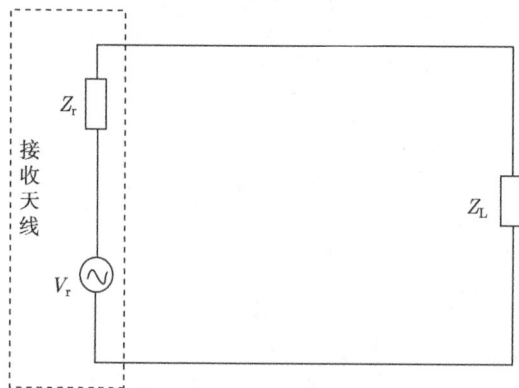

图 4-16   接收天线系统回路的等效电路

6) 天线建模的验证

首先对外加激励源式天线模型做出验证。构建全长 $l = 1\text{m}$、半径 0.005m、端口长 0.1m 的偶极子天线模型，取电压源端口位于天线中部，内阻 50Ω。取 $\Delta x = \Delta y = \Delta z = 0.05\text{m}$，$\Delta t = 8.67 \times 10^{-11}\text{s}$，边界条件为 CPML(Convolutional Perfectly Matched Layer)。用式 (4-42) 所示高斯脉冲作为激励，令脉冲的中心频率 $f_c = 150\text{MHz}$，$\Delta f = 300\text{MHz}$，可得仿真频段为 0~300MHz。由所建 FDTD 仿真模型计算得到该天线的 S_{11} 幅值，如图 4-17 中虚线所示。使用商业软件 CST Microwave Studio(MWS) 计算该天线的 S_{11} 幅值，如图 4-17 中实线所示。二者较好的一致性表明天线建模的正确性。

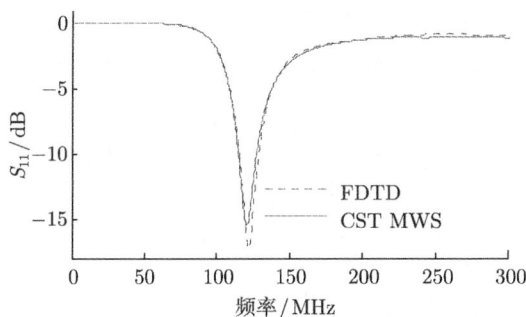

图 4-17 偶极子天线 S_{11} 参数比较

其次，验证传输线式馈电模型，主要通过对比双端口网络散射参量 S(简称 S 参数) 对发射天线和接收天线模型做出验证。用 FDTD 算法和 CPML 吸收边界条件，建立由偶极子天线构成的双端口网络模型，如图 4-18 所示。采用传输线式馈电方法，$Z_0 = 50\Omega$，相速度取真空中的光速，输入电压 $v_{inc}(t)$ 取高斯脉冲，频率上限为 60GHz，取该频率对应波长的 1/20 作为空间步长，时间步长满足 CFL 条件。传输线并没有真实的空间剖分网格，而用一维 FDTD 单独求解。

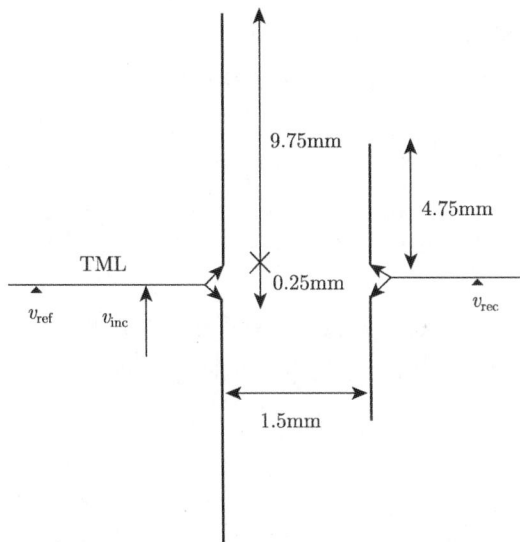

图 4-18 发射天线 (左) 和接收天线 (右) 示意图

仿真 2500 步，得到输入电压 $v_{inc}(t)$、反射电压 $v_{ref}(t)$ 和接收电压 $v_{rec}(t)$ 的变化规律，如图 4-19 所示。

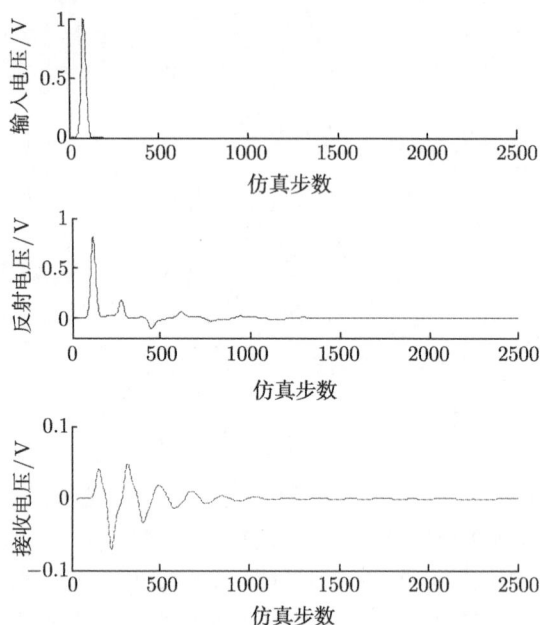

图 4-19   输入电压、反射电压和接收电压的时域波形

经傅里叶变换分别得到输入电压 $v_{\text{inc}}(t)$、反射电压 $v_{\text{ref}}(t)$ 和接收电压 $v_{\text{rec}}(t)$ 的频域分布 $\tilde{v}_{\text{inc}}$、$\tilde{v}_{\text{ref}}$ 和 $\tilde{v}_{\text{rec}}$，以及 S 参数的幅值。

$$S_{11} = 20 \log_{10} \left| \frac{\tilde{v}_{\text{ref}}}{\tilde{v}_{\text{inc}}} \right|, \quad S_{21} = 20 \log_{10} \left| \frac{\tilde{v}_{\text{rec}}}{\tilde{v}_{\text{inc}}} \right|. \tag{4-45}$$

式中，S_{11} 代表发射天线激励端口的反射系数；S_{21} 是发射天线到接收天线端口的传输系数。

采用 CST MWS 仿真该天线模型，得到其 S 参数并与式 (4-45) 结果作对比，如图 4-20 所示，良好的一致性表明馈电方法的正确性。

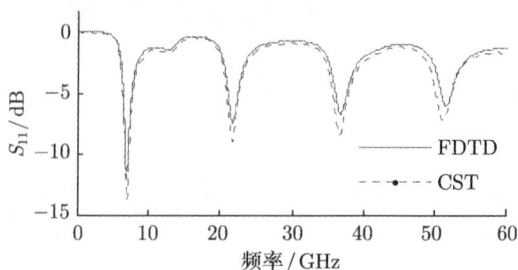

(a) 反射系数仿真结果比较

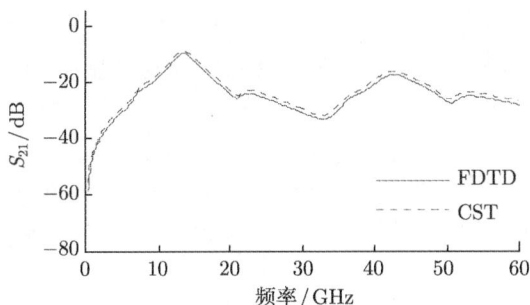

(b) 天线传输系数仿真结果比较

图 4-20 天线模型 S 参数仿真结果比较

4.1.6 输入功率计算

如前所述, 归一化电场强度是衡量混响室电磁环境模拟效率的重要参数, 它与混响室自身特性有关 (如损耗程度与谐振特性等), 而与激励源的强弱无关。为确定混响室的归一化电场强度, 必须准确测定混响室的辐射功率。试验过程中, 激励信号通过功率放大器放大后经双定向耦合器向激励天线馈电, 与双定向耦合器耦合端口相连的功率计准确测试前向输入功率和后向反射功率, 将前向功率减去后向功率 (单位 W) 就得到净输入功率。数值仿真中, 净输入功率计算方法不止一种, 一般是在开阔场环境下进行仿真计算, 故使用吸收边界条件。

1) 基于端口电压电流的计算方法

采用图 4-13 所示的激励端口, 在仿真过程中记录端口电压 $v(t)$ 和电流 $i(t)$, 经 FFT 得到频域值 $\tilde{v}$ 和 $\tilde{i}$, 那么天线的输入功率频谱分布为

$$P_{\text{inp}} = \frac{1}{2} \text{Re}[\tilde{v}(\omega)\tilde{i}^*(\omega)] \tag{4-46}$$

式中, "*" 代表复数的共轭运算。

2) 基于传输线馈电的计算方法

根据输入功率等于前向功率减去后向功率的定义, 不难得到传输线式激励下的天线输入功率频谱分布为

$$P_{\text{inp}} = \frac{|\tilde{v}_{\text{inc}}|^2}{Z_0} - \frac{|\tilde{v}_{\text{ref}}|^2}{Z_0} \tag{4-47}$$

类似地, 也可以取传输线式馈电模型中的端口监测电压和电流, 然后由式 (4-46) 得到等价的结果。

3) 基于坡印廷矢量面积分的计算方法

取包围天线的一个曲面 S, 由能流密度的定义, 得到天线的辐射功率:

$$P_{\text{r}} = P_{\text{inp}} = \frac{1}{2} \text{Re} \left\{ \int_S \boldsymbol{E} \times \boldsymbol{H}^* \cdot \hat{n} \text{d}\sigma \right\} \tag{4-48}$$

式中，$\hat{n}$ 是曲面 S 的单位外法线向量；$\mathrm{Re}\{\cdot\}$ 代表取实部的运算；$\mathrm{d}\sigma$ 指积分面元。首先由 FDTD 计算曲面 S 上的时域电磁场值，再对其做 FFT 得到频谱分布，最后由式 (4-48) 得到宽频辐射功率。在理论计算中，通常取 S 在天线的远区，直接积分可得辐射功率。而进行数值仿真时，为了减小计算量，必须取 S 位于天线近场区，并利用式 (4-48) 得到等价的辐射功率。这是一种通用的辐射功率计算方法，适用于各种激励下的天线辐射功率计算。因为此时天线损耗忽略不计，故取辐射功率等于净输入功率。

4) 三种计算方法的比较分析

将式 (4-46)、式 (4-47) 和式 (4-48) 代表的输入功率计算方法分别记为方法 1、方法 2 和方法 3。由于方法 1 和方法 2 是针对不同的激励端口模型得到的输入功率计算方法，而方法 3 是通用的计算方法，故将方法 3 分别与方法 1 和方法 2 进行比较。

对单振子长度为 0.8m、激励端口长 0.1m 的偶极子天线进行仿真计算。取空间步长为 0.1m、电压源为 80~300MHz 的高斯脉冲。首先以 "外加源" 式馈电作为激励并比较方法 1 和方法 3 的辐射功率计算结果，如图 4-21 所示。采用传输线式电压馈电，比较方法 2 和方法 3 的计算结果，如图 4-22 所示。不难发现，方法 3 总会得到稍微偏大的输入功率，分析其原因是理论计算方法式 (4-46) 和式 (4-47) 只用到了天线端口处的电压和电流值，而天线其他地方的电流幅值要稍大于理论值。选择单频激励电压使得天线为半波天线 (电流采样点处在每两个剖分节点的中点，故共有 19 个监测位置，天线的实际长度为 1.9m)，得到天线上各处电流与理论结果对比如图 4-23 所示。

根据前述 FDTD 算法生成的图 3-1 所示混响室低频损耗模型 (搅拌器、腔壁简化为 PEC，天线为主体损耗) 如图 4-24 所示。图中 Tx 为发射天线，Rx 为接收天线。空间区域中的 36 个点为测试采样点，测试区域坐标区间 $x \in [2.9, 7.0]$；$y \in [4.3, 9.5]$；$z \in [1.0, 3.3]$。搅拌器为剖分后示意图，空间区域的剖分未在图中显示。

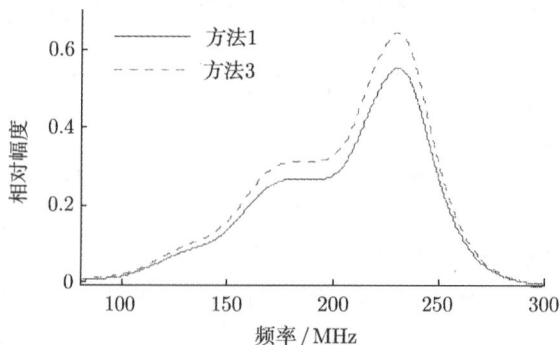

(a) 无线内阻为50Ω

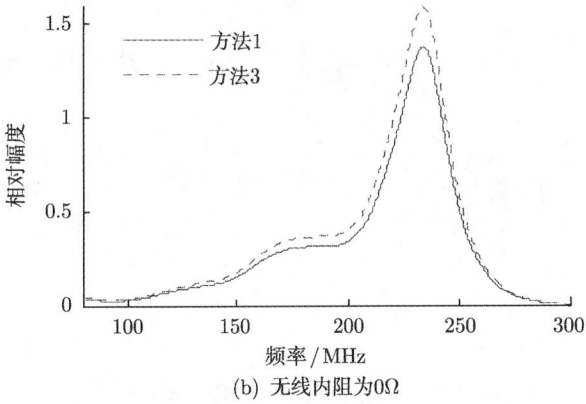

(b) 无线内阻为0Ω

图 4-21 方法 1 和方法 3 辐射功率计算结果比较

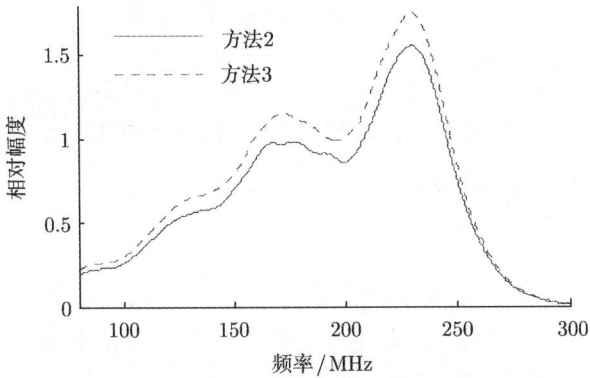

图 4-22 方法 2 和方法 3 辐射功率计算结果比较

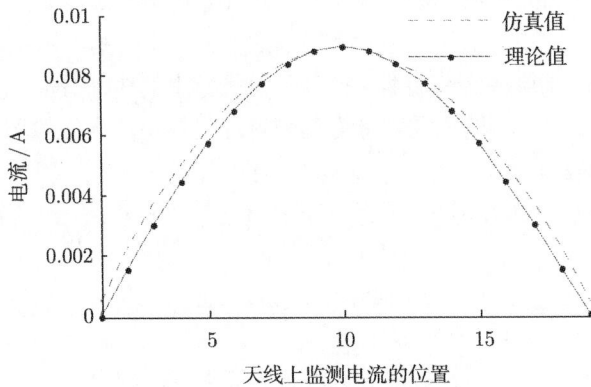

图 4-23 天线上驻波电流幅值比较

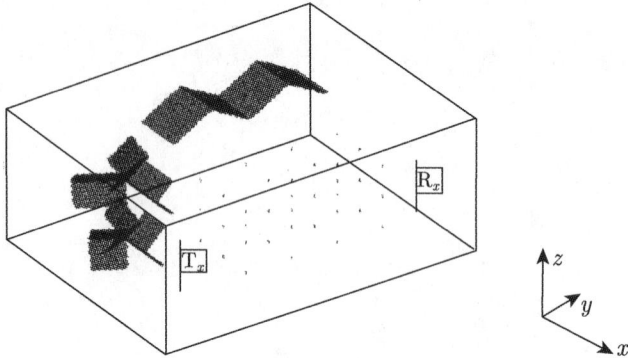

图 4-24　FDTD 算法生成的混响室简化模型

4.2　混响室频域建模

混响室内电磁场需要一定的建立时间，时域数值算法忽略了电磁场的建立过程，只能仿真其稳态特性，若要重点关注混响室的暂态过程或单一频点的场分布规律，需要采用频域数值算法进行仿真分析。

4.2.1　矩量法概述

应用于混响室仿真的频域算法主要有矩量法 (Method of Moments，MoM)、边界元法 (Boundary Element Method，BEM)和有限元法 (Finite-Element Method，FEM) 等，在此主要对矩量法进行介绍。

矩量法是一种基于积分方程的严格的数值方法，计算准确度主要取决于目标几何建模精度、正确的基权函数的选择及阻抗元素的计算。其基本思想是将几何目标剖分离散，在其上定义合适的基函数，然后建立积分方程，用权函数检验产生一个矩阵方程，通过求解该矩阵方程，得到几何目标上的电流分布，依据该电流分布求解其近远场信息。下面以电场积分方程求解理想导体的电磁散射问题为例，简要介绍矩量法的一般方法。

由麦克斯维方程组和理想导体的边界条件可以推导出表面电场积分方程如下：

$$(\mathrm{j}\omega \boldsymbol{A} + \nabla\varphi)_{\tan} = \boldsymbol{E}_{\tan}^{\mathrm{inc}} \tag{4-49}$$

式中，$\boldsymbol{A}$ 为矢量磁位；φ 为标量电位。其表达形式分别如下：

$$\boldsymbol{A}(\boldsymbol{r}) = \mu_0 \int_S \boldsymbol{J}(\boldsymbol{r}') \frac{\mathrm{e}^{-\mathrm{j}k|\boldsymbol{r}-\boldsymbol{r}'|}}{4\pi|\boldsymbol{r} - \boldsymbol{r}'|} \mathrm{d}s' \tag{4-50}$$

$$\varphi(\boldsymbol{r}) = \frac{1}{\varepsilon_0} \int_S \sigma(\boldsymbol{r}') \frac{\mathrm{e}^{-\mathrm{j}k|\boldsymbol{r}-\boldsymbol{r}'|}}{4\pi|\boldsymbol{r}-\boldsymbol{r}'|} \mathrm{d}s' \tag{4-51}$$

定义基函数系列 $\boldsymbol{J}_n$，将电流展开为

$$\boldsymbol{J} \approx \sum_{n=1}^{N} I_n \boldsymbol{J}_n \tag{4-52}$$

式中，I_n 为与第 n 个基函数相关的电流展开系数。为了将积分方程离散成为矩阵方程，采用伽辽金匹配方法，选取与基函数相同的函数系列作为权函数，表示为 $\boldsymbol{g}$，对式 (4-52) 求内积得

$$\mathrm{j}\omega < \boldsymbol{A}, \boldsymbol{J}_m > + < \nabla\varphi, \boldsymbol{J}_m > = < \boldsymbol{E}^{\mathrm{inc}}, \boldsymbol{J}_m > \tag{4-53}$$

将式 (4-52) 代入式 (4-53)，得到包含 N 个未知量的 N 个线性方程，可以写成

$$[\boldsymbol{Z}_{mn}][\boldsymbol{I}_n] = [\boldsymbol{V}_m^e] \tag{4-54}$$

式中，$[\boldsymbol{Z}_{mn}]$ 为 $N \times N$ 的矩阵；$[\boldsymbol{I}_n]$ 和 $[\boldsymbol{V}_m^e]$ 均为 $N \times 1$ 的向量，$[\boldsymbol{I}_n]$ 为电流系数，$[\boldsymbol{V}_m^e]$ 为激励向量，N 为未知量数目。其形式分别如下：

$$\boldsymbol{V}_m^e = \int_{S_m} \boldsymbol{J}_m \cdot \boldsymbol{E}_{\tan}^{\mathrm{inc}} \mathrm{d}s \tag{4-55}$$

$$Z_{mn} = \mathrm{j}\omega\mu_0 \int_{S_m} \boldsymbol{J}_m \cdot \boldsymbol{a}_n \mathrm{d}s + \frac{1}{\mathrm{j}\omega\varepsilon_0} \int_{S_m} (\nabla_s \cdot \boldsymbol{J}_m)\varphi_n \mathrm{d}s \tag{4-56}$$

$$\boldsymbol{a}_n(\boldsymbol{r}) = \int_{S_n} \boldsymbol{J}_n(\boldsymbol{r}') \frac{\mathrm{e}^{-\mathrm{j}k|\boldsymbol{r}-\boldsymbol{r}'|}}{4\pi|\boldsymbol{r}-\boldsymbol{r}'|} \mathrm{d}s' \tag{4-57}$$

$$\varphi_n(\boldsymbol{r}) = \int_{S_n} [\nabla_s' \cdot \boldsymbol{J}_n(\boldsymbol{r}')] \frac{\mathrm{e}^{-\mathrm{j}k|\boldsymbol{r}-\boldsymbol{r}'|}}{4\pi|\boldsymbol{r}-\boldsymbol{r}'|} \mathrm{d}s' \tag{4-58}$$

矩阵方程 (4-54) 建立之后，剩余的就是该矩阵方程的求解问题。求解方法有直接求解和迭代求解等。直接求解方法的计算量非常大，计算复杂度为 $O(N^3)$，而迭代求解中每步迭代的计算复杂度为 $O(N^2)$。随着求解问题规模的增大，直接求解所需时间越来越多，一般采用迭代求解方法进行求解。得到表面电流分布之后，可以根据该电流分布求得其他感兴趣的电磁参数，如雷达散射截面等。

矩量法计算的一般流程如图 4-25 所示。

```
                        ┌──────┐
                        │ 开始 │
                        └──────┘
                           │
                     ┌───────────┐
                     │  问题定义  │
                     └───────────┘
                           │
        ┌───────────►┌───────────┐
        │            │ 数据预处理 │
        │            └───────────┘
        │                 │
        │            ┌──────────────┐
        │            │ 填充阻坑矩阵 Z │
        │            └──────────────┘
        │                 │
        │            ┌────────────────┐
        │            │ 填充右端激励向量 b │
        │            └────────────────┘
        │                 │
        │            ┌───────────────┐
        │            │ 解矩阵方程 ZI=B │
        │            └───────────────┘
        │                 │
        │            ┌───────────┐
        │            │  计算远场  │
        │            └───────────┘
        │                 │
        │            ╱─────────────╲
     是 └──────────◄   是否有更多    ╲
                    ╲   的激励?    ╱
                     ╲───────────╱
                           │ 否
                     ┌──────┐
                     │ 结束 │
                     └──────┘
```

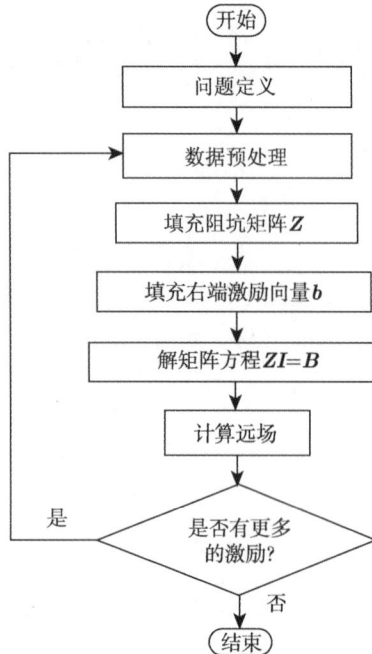

图 4-25　矩量法计算流程图

　　前面提到过，矩量法计算结果的准确度跟几何建模、基权函数的选择和阻抗元素计算有关。而任意复杂形体的散射建模都是由对目标的几何建模和电磁建模构成的，几何建模是用参数曲面或参数单元模拟目标真实曲面或真实区域的过程，电磁建模则是采取相应的电磁学计算方法求解问题的过程。

　　几何建模：矩量法中，由于采用表面积分方程，只需要对物理表面进行剖分，几何建模即为建立目标表面模型的过程。物体表面可用多种形式离散，如平面三角形贴片、高阶三角形贴片、参数二次曲面等。

　　电磁建模 (基函数和权函数)：对应不同的单元类型，需要在单元上定义适合的基函数，即为未知电流的一个数学完备展开。基权函数选取的好坏，直接影响结果的准确度和计算的复杂度。

　　常见的基权函数有脉冲基点匹配法、共型屋脊基函数线匹配法、RWG 基函数伽辽金法。脉冲基点匹配是最简单的方法，计算量最少，但未知量数目较多。共型屋脊基函数定义在参数空间参数曲面的两个相邻的单元上，权函数定义在这两个相邻单元的中心连线上，这种基函数的优点是较好地模拟了表面感应电流分布，不会造成人为电荷的堆积，保证了电流的连续性。RWG 基函数是定义在相邻平面三角贴片上的基函数，称为广义屋脊基函数。通常选取基函数和权函数一致，即采用伽辽金方法。这种基函数能灵活模拟任意复杂的三维几何形体如尖点、凹槽及目标表面的突出物,因此,平面三角贴片的 RWG 基函数在复杂形体目标的电磁计算中被广泛采用。

线性代数方程组的求解:数值方法归根到底要求解一个线性代数方程组,求解方法可分为直接法和迭代法。直接法主要有高斯消元法、LU 分解法、奇异值分解法 (SVD) 等。对于矩阵阶数不高或一些稀疏矩阵,直接法可得到比较好的效果,但是对于大阶数或者复杂满矩阵的求逆,直接法效率不高,此时需要用迭代法求解。

迭代法是一种求解矩阵方程的近似方法,通过一个迭代式,经过 n 步迭代过程,得到逼近真实解的结果。迭代方法有很多,主要有共轭梯度法、双共轭梯度法、稳定双共轭梯度法、共轭残差与广义共轭残差法等。迭代求解中,需要多次反复计算矩阵与矢量的乘积,所以,如何加快该部分的计算,是提高迭代求解速度的关键。如采用并行迭代和多层快速多极子便可加快迭代过程,从而达到加速求解的目的。

FEKO 是 ANSYS 公司推出的一种高频电磁仿真软件,它从严格的电磁场积分方程出发,以矩量法为基础,结合物理光学 (PO)、一致性绕射理论 (UTD) 等高频分析方法,采用多层快速多极子算法,在保持计算准确度的前提下,大大提高了计算效率。其处理问题的方法是:对于电小结构的天线等电磁场问题,采用完全的矩量法进行分析,保证了结果的高准确度;对于电小与电大尺寸混合结构的电磁场问题,既可以采用高效的基于矩量法的多层快速多极子方法,又可选用合适的混合方法。

4.2.2 几何建模

下面以 FEKO 为例简要介绍混响室的频域建模仿真。以图 3-1 所示实际混响室为依据,建立 1:1 的混响室仿真模型,包括屏蔽腔体、搅拌器、发射天线建模三部分,下面分别进行介绍。

1) 屏蔽腔体建模

建立 10.5m(长)×8m(宽)×4.3m(高) 的矩形屏蔽腔体,如图 4-26 所示,腔体的

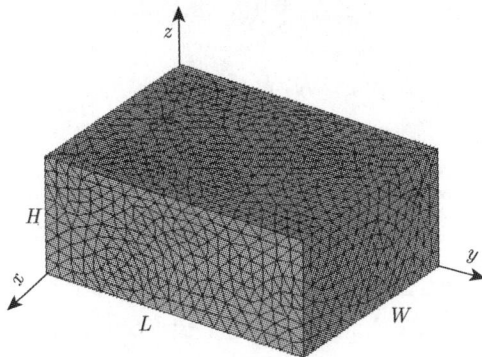

图 4-26 矩形屏蔽腔体模型

长边 L 沿 y 轴方向，长度为 10.5m；宽边 W 沿 x 轴方向，宽度为 8m；高 H 沿 z 轴方向，高度为 4.3m。腔体采用高反射率的铝板制作，其电导率与相对磁导率之比 σ/μ_r 为 $4.4 \times 10^6\mathrm{S/m}$。

2) 搅拌器建模

建立两个结构不同的搅拌器，如图 4-27 所示。其中横向放置的搅拌器为 Z 形结构，由 4 个叶片组成，叶片夹角 φ 为 128.3°。竖直放置的搅拌器由 6 个 V 形桨叶组成，桨叶夹角 θ 为 90°，为增大搅拌效率，桨叶采用 V 形切口设计。搅拌器的步进旋转可采用 MATLAB 调用 FEKO 技术实现 (参见 4.1.4 节)。

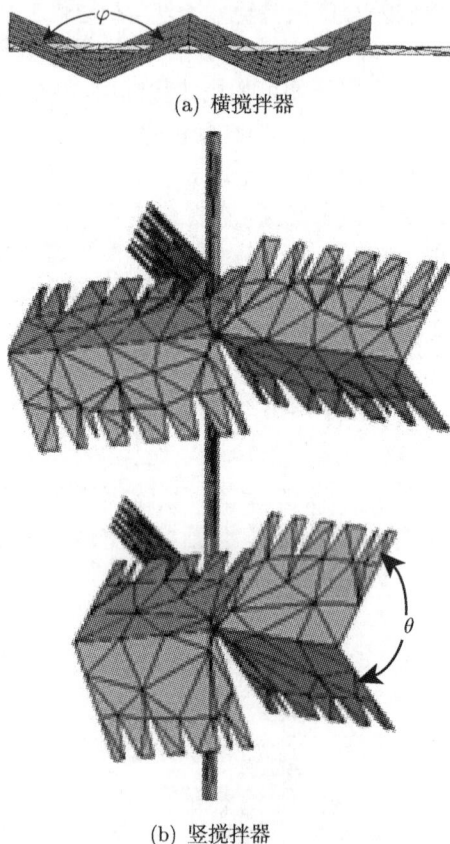

(a) 横搅拌器

(b) 竖搅拌器

图 4-27   搅拌器的几何模型

3) 发射天线建模

设计工作频率为 60MHz~1.9GHz 的对数周期偶极子阵列作为发射天线，如图 4-28 所示。其中最短振子长 0.08m，最长振子长 2.52m，增长因子 τ 为 0.88，天线全长 1.6m。

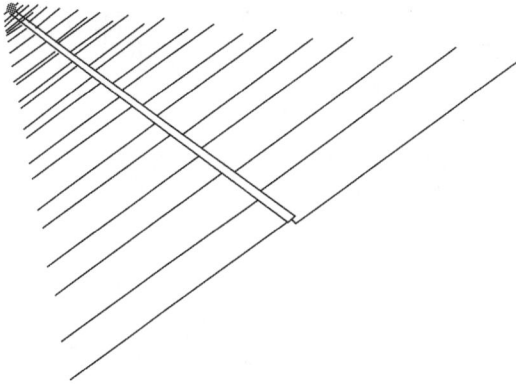

图 4-28 对数周期天线示意图

4) 网格模型的建立

网格划分是将实体模型转化为可用于数值计算的网格模型的过程。将实体模型划分为网格模型时，导电平面采用三角形单元划分，细线采用线段单元划分。网格划分遵循如下原则：线段单元长度 $l < \lambda/10$(λ 为自由空间电磁波的波长)，线段上的电流沿着轴向流动，因此线段的长度相对半径也不能太小，一般取 $l > 4r$(r 为线段半径)；三角形单元的边长 e 至少要小于 $\lambda/5$，即 $e < \lambda/5$，如果计算机条件允许，三角形单元边长取 $e < \lambda/7$ 将会得到更加精确的结果。

根据网格划分的原则，并结合计算机资源的实际情况，在此取 $l = \lambda/15$、$e = \lambda/6$ 对混响室模型进行网格划分。

4.3 混响室建模实验验证

混响室模型验证是混响室仿真建模中一个非常重要的环节。高储能、统计均匀特性是混响室的两个主要特征，因此混响室的验证应主要针对这两方面展开。通过仿真与实测品质因数、归一化电场强度的比较，验证简化模型损耗与实际混响室是否一致，也即验证腔体的储能情况；通过仿真与实测电场分布的标准偏差比较，或 KS 检验分析仿真、实测场的统计分布及其各自拟合的理论场统计分布规律，验证模型的统计均匀特性。

4.3.1 测试流程

为验证模型的正确性，需要针对实际混响室开展测试验证，测试系统如图 1-11 所示，测试设备具体型号和工作频段如表 4-1 所示。混响室测试流程如图 4-29 所示。为提高搅拌效率，双搅拌器采用异步步进的方式进行旋转。

表 4-1   测试设备型号及工作频段

设备名称	生产厂商	型号	工作频段
信号发生器	ROHDE&SCHWARZ	SML01	9 kHz~1.1GHz
功率放大器	AR	Model 50WD1000	DC-1GHz
场强计	Narda STS	EMR-200 8C	100kHz~3GHz
频谱分析仪	Agilent	E7405A	100Hz~26.5GHz
发射天线	ETS	3144	80MHz~2GHz
接收天线	ETS	3109	20~300MHz

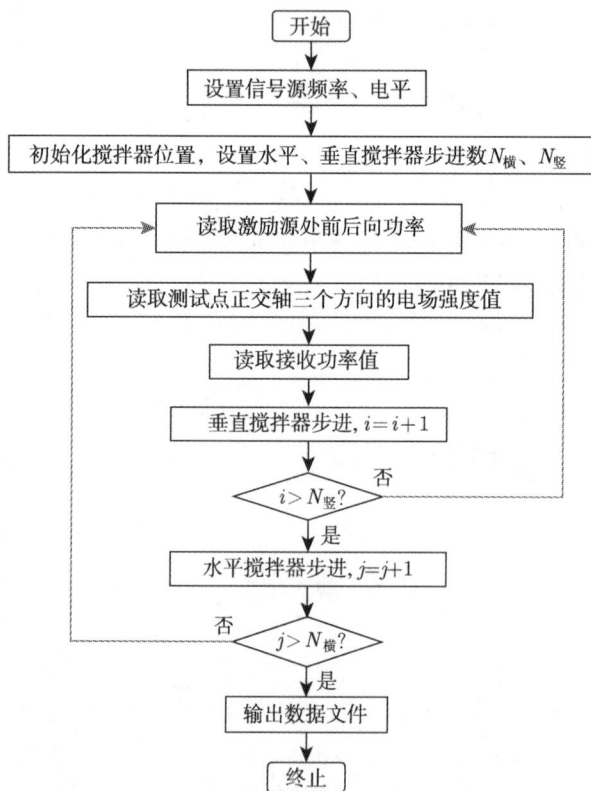

图 4-29   测试流程图

混响室仿真主要解决低频段的场分布特性能否满足设计要求的问题，因此在混响室建模验证过程中，可主要考察 $f_{LUF} \sim 3f_{LUF}$ 频段内的混响室特性。根据 IEC61000-4-21 标准对搅拌器的步进步数的规定，测试过程中搅拌器共步进 $7 \times 7 = 49$ 个位置，每次搅拌器步进 $51.43°$，如图 4-30 所示。

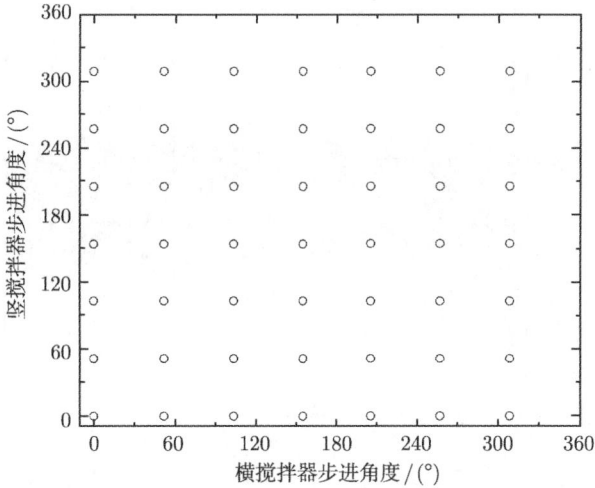

图 4-30 双搅拌器异步步进方式

4.3.2 混响室品质因数验证

为观察电磁波在混响室内从激发态至稳态的物理过程，首先采用单频电磁波激励图 4-24 所示的混响室简化损耗模型，工作频率分别选择为 80MHz 和 120MHz。混响室内工作区域 K 点处 $(x = 6, y = 5, z = 2)$ x 方向场强分量随时间的变化情况如图 4-31 所示。由图可知，单频电磁波在混响室内经历衰减振荡，约需 $60\mu s$ 才能趋于平衡状态，即输入功率与混响室损耗功率相同。

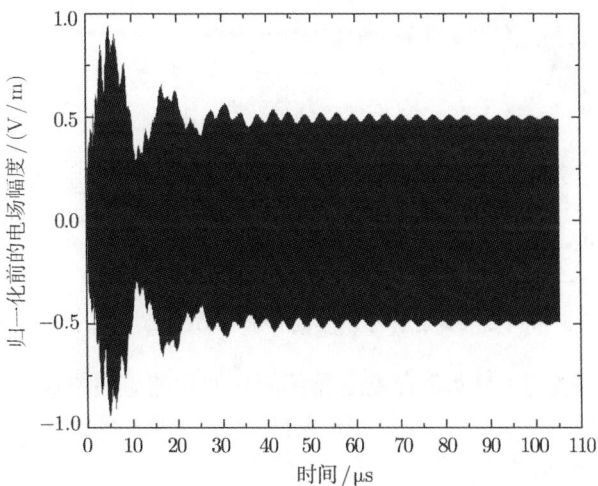

(a) 工作频率80MHz

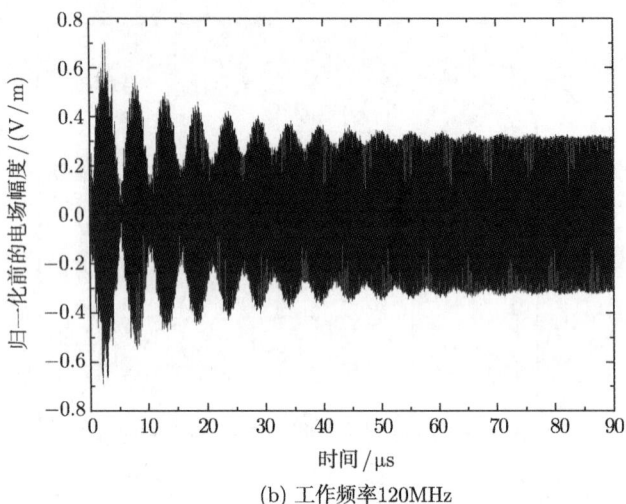

(b) 工作频率120MHz

图 4-31　单频信号激励时混响室内场强 E_x 随时间的变化

采用频段为 80~300MHz 的调制窄带高斯脉冲激励混响室时，K 点处 x 方向场强分量随迭代次数的变化如图 4-32 所示。对采样分量的时域结果进行傅里叶变换，获取其频域信息，并与实测结果比较。

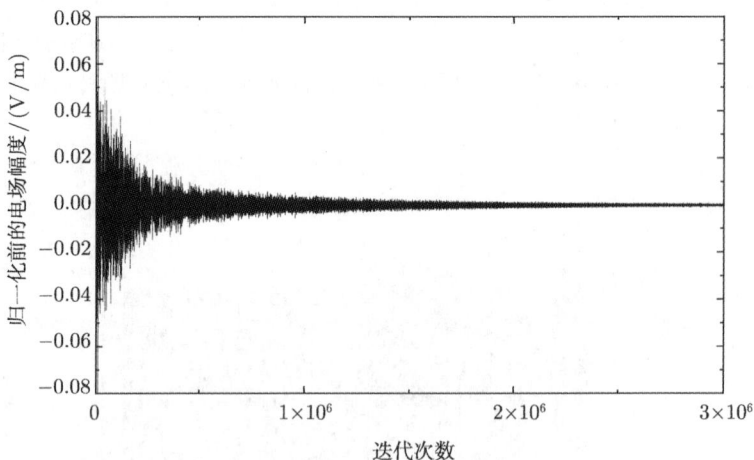

图 4-32　窄带调制高斯脉冲激励时混响室内场强 E_x 随迭代次数的变化

混响室品质因数 Q 是衡量混响室总体储存能量的重要指标。Q 值越大，表示混响室储能能力越强。根据式 (1-5)，分别计算得到仿真与实测 Q 值，并与式 (3-25) 计算得到的理论 Q 值比较，如图 4-33 所示。

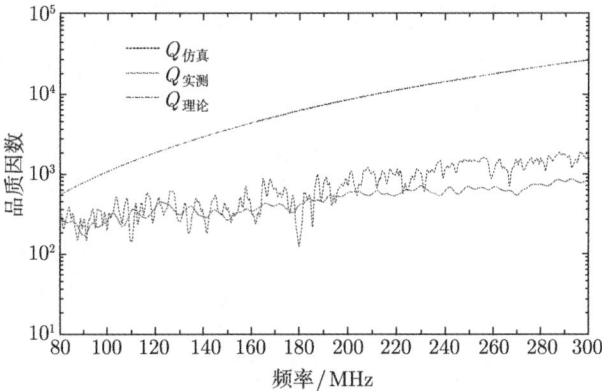

图 4-33 仿真、实测以及理论计算品质因数的比较

图 4-33 中，理论计算得到的 Q 值远远大于仿真和实测值。$Q_{仿真}$ 与 $Q_{实测}$ 趋势一致，其值随着频率的升高而振荡增大。在低频段内，实测与仿真结果非常接近，说明了简化损耗模型的正确性；随着频率的增大，仿真结果逐渐高于实测值，具体原因如下。由 3.2 节可知，对于图 3-1 所示的混响室，天线为主体损耗时的理论频段为 $80\text{MHz} < f < 202\text{MHz}$。由图 4-33 可知，在 $80\sim200\text{MHz}$ 频段内，仿真与实测结果比较接近，因此天线为主体损耗的频段上限约为 200MHz，说明了仿真计算和模型损耗简化的正确性。在 $200\sim300\text{MHz}$ 频段内，混响室腔壁损耗在混响室总体损耗中所占比例逐渐增大，而简化模型仅考虑天线损耗，从而出现了图中高频段仿真值大于实测值的现象。虽然，随着频率的增大，$Q_{仿真}$ 逐渐高于 $Q_{实测}$，但整体来看，$Q_{仿真}$ 与 $Q_{实测}$ 仍然比较接近，说明低频段模型损耗与实际混响室近似相等，体现了模型损耗处理的正确性。

4.3.3 混响室内归一化场强验证

混响室测试区域的最高场强和平均场强是反映混响室储能及衡量其抗扰度测试能力的重要指标。混响室归一化场强的高低，直接决定了混响室射频、微波功率放大器的选型，对混响室造价有重要影响。

混响室内某采样点的最高场强是指在搅拌器步进一周后采样点的最高场强值，可表示为

$$E_{\max i} = \max(E_{1i}, E_{2i}, \cdots, E_{ji}\cdots, E_{Ni}) \tag{4-59}$$

式中，i 代表第 i 个采样点；N 为搅拌器步进总数；E_{ji} 代表第 j 个搅拌器位置下第 i 个采样点处的归一化场强，可表示为

$$E_{ji} = \sqrt{\frac{E_{jix}^2 + E_{jiy}^2 + E_{jiz}^2}{P_{\text{Input}}}} \tag{4-60}$$

式中，E_{jix}、E_{jiy}、E_{jiz} 分别表示 E_{ji} 的 3 个正交分量的有效值；P_{Input} 表示输入功率。

工作区域内所有采样点的平均最高场强值为

$$\overline{E}_{\max} = \frac{1}{M} \sum_{i=1}^{M} E_{\max i} \tag{4-61}$$

式中，M 代表采样点数。

对应所有搅拌器位置及工作区域内所有采样点的平均场强为

$$\overline{E} = \frac{1}{MN} \sum_{i=1}^{M} \sum_{j=1}^{N} E_{ji} \tag{4-62}$$

图 4-34 和图 4-35 分别给出了仿真与实测的平均最高场强 $\overline{E}_{\max}$ 和平均场强 $\overline{E}$。从图中可以看出：与上述品质因数比较类似，在稍高频段，仿真结果高于实测

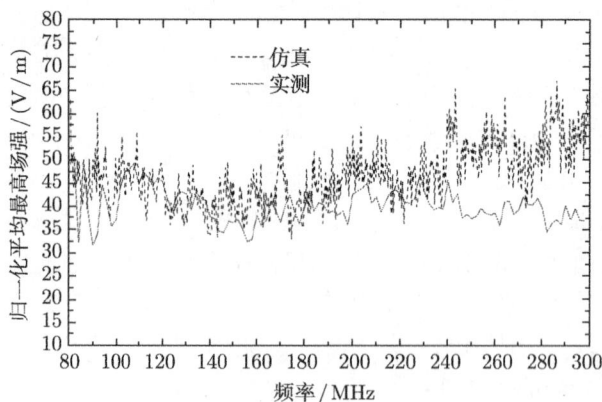

图 4-34   平均最高场强值仿真值与实测值的比较

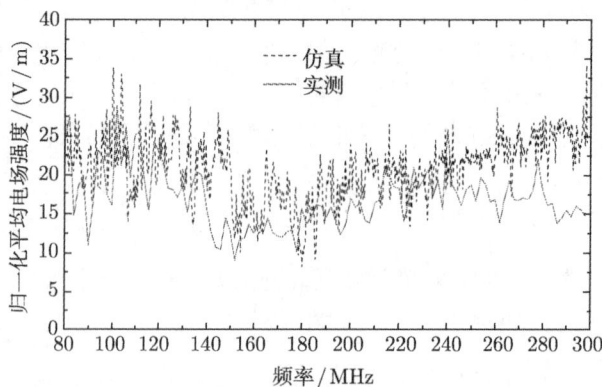

图 4-35   混响室测试区平均场强仿真值与实测值的比较

值,其原因已在品质因数比较中进行了解释;但仿真、实测 $\overline{E}_{max}$ 和 $\overline{E}$ 的整体趋势较为一致,尤其在低频段内,实测与仿真结果非常接近,说明简化模型损耗与实际近似相等,体现了简化模型损耗处理的正确性。

在同一搅拌器位置下,考察以 z 轴为法向的中分面上各点在 80MHz、150MHz 和 240MHz 下的归一化电场强度幅值,如图 4-36 所示。可以看出,混响室内电场强度在单频点下呈驻波分布,其幅值多为 $10\sim40\text{V}/\text{mw}^{0.5}$,随着工作频率的升高,波长变短,且混响室谐振模式数随频率升高而增多,各个模式相互叠加,使得混响室场分布更加均匀,再次表明建模仿真的正确性。

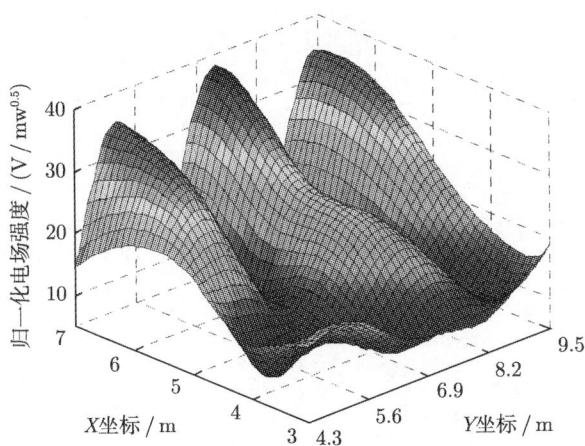

(a) 80MHz

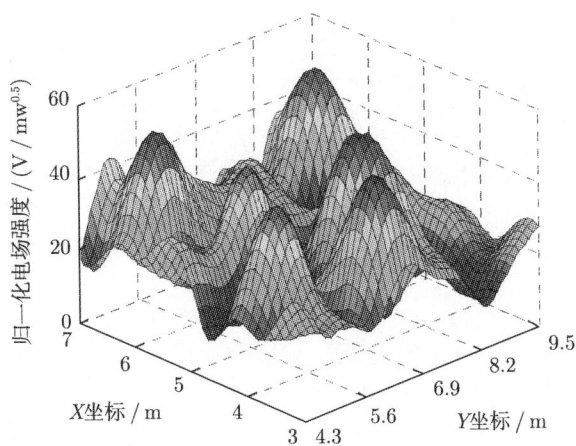

(b) 150MHz

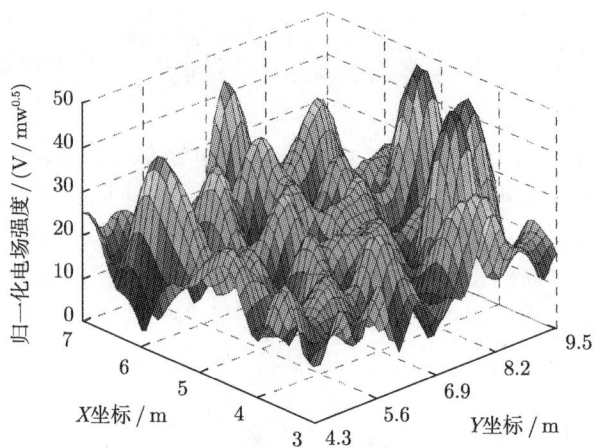

(c) 240MHz

图 4-36　不同频点的归一化电场分布图

第5章 基于品质因数的混响室时域快速仿真

第 4 章介绍的混响室时域简化模型无需考虑腔体、搅拌器厚度，减少了网格数量，节约了计算时间。然而，混响室简化模型的仿真计算量依然浩大，需要较长的计算时间。以前面分析的混响室简化模型为例，对于最高频率为 300MHz 的脉冲激励源，以最高频率对应波长的十分之一进行网格剖分，需要三百万时间步才能使得计算收敛，每一个搅拌器位置需计算时间约 8.7 天 (Pentium IV, 3.0 GHz)，当需要考察多个搅拌器位置时，必须依靠多台高性能服务器的并行计算，计算成本非常高。

为进一步减少仿真时间，本章将介绍两种基于品质因数的混响室时域快速仿真方法。

5.1 混响室损耗后处理的快速仿真

损耗后处理的思想，即对无损混响室进行仿真，然后对仿真结果做出损耗处理，这样可由一次仿真结果分析混响室在多种损耗情况下的场性能。

5.1.1 损耗后处理的理论依据

混响室的 Q 值在一定程度上表征了混响室的总体损耗。作为一个抽象数值，Q 值虽然不能被引入 FDTD 的电磁场更新公式中去，但根据混响室存储能量的衰减规律，它可以对无损情况下每一计算步得到的电场强度值做衰减处理，从而等效地得到有损混响室的仿真结果。若脉冲激励时间远小于仿真计算时间，作为近似处理，可先计算无损耗情况下的电场强度值，再对其进行衰减处理，得到混响室的真实响应。

混响室内储能 U 的时间增加率等于腔体的输入功率 P_{Input} 减去损耗功率 P_{L}：

$$\frac{\mathrm{d}U}{\mathrm{d}t} = P_{\mathrm{Input}} - P_{\mathrm{L}} = P_{\mathrm{Input}} - \frac{\omega}{Q}U \tag{5-1}$$

式中，后一项的得出利用了谐振腔体品质因数 Q 值的定义式 (1-3)。从激励信号消失的瞬间开始计时，此时腔体对应的储能为 U_0，且 $t \geqslant 0$ 时 $P_{\mathrm{Input}} = 0$，求解微分方程式 (5-1) 得到：

$$U = U_0 \mathrm{e}^{-\frac{t}{\tau}}, \quad t \geqslant 0 \tag{5-2}$$

式中，$\tau = Q/\omega$ 是混响室的时间常数。因为 U 与 $|E|^2$ 成正比，U_0 是常数，所以：

$$|E| = \sqrt{E_x^2 + E_y^2 + E_z^2} \propto \sqrt{\mathrm{e}^{-t/\tau}} = \mathrm{e}^{-\pi ft/Q} \tag{5-3}$$

5.1.2　损耗后处理的实现方法

设信号 $x(t)$ 代表无损混响室测试区域某点的时域电场正交分量仿真值：

$$x(t) = x'(t) \cdot u(T - t) \tag{5-4}$$

式中，T 是仿真时长；$x'(t)$ 是仿真到无限长时间的响应信号；$u(t)$ 是单位阶跃函数：

$$u(t) = \begin{cases} 1, & t \geqslant 0 \\ 0, & t < 0 \end{cases} \tag{5-5}$$

无损耗混响室内部场强不会衰减到零，其频谱图只在谐振频点处有物理意义，于是必须引入混响室损耗的作用。因为混响室内场强在初始时刻还没有来得及衰减，而其后的衰减规律符合关系式 (5-3)，故定义损耗处理函数

$$w_Q(t) = \mathrm{e}^{-\pi f_0 t/Q} \tag{5-6}$$

式中，f_0 是代表某频段的中心频率；Q 是混响室在该频段内平均品质因数值。

给信号 $x(t)$ 做衰减处理，如图 5-1 所示，得到包含实际损耗的混响室时域响应为

$$y(t) = \begin{cases} x(t)w_Q(t), & t \in [0, T] \\ 0, & t \in (T, \infty) \end{cases} \tag{5-7}$$

不难验证，对 E_x、E_y、E_z 分别按照式 (5-7) 进行损耗处理，那么在仿真时间 $[0, T]$ 内，电场强度的幅值衰减满足关系式 (5-3)。

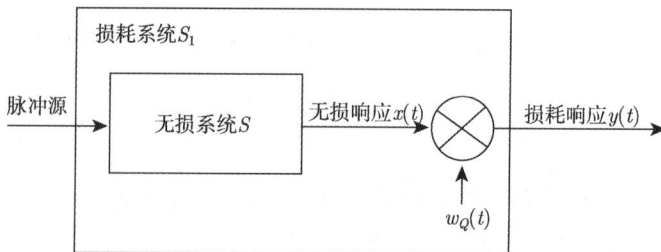

图 5-1　损耗后处理流程图

因为 T 是有限的，为消除信号截断带来的影响，使实际结果逼近仿真到无限长时间的结果，即

$$y(t) \to x'(t)w_Q(t), \quad t \in [0, \infty] \tag{5-8}$$

利用式 (5-4)、式 (5-7) 和阶跃函数 $u(t)$ 的性质，这要满足：

$$u(T-t)w_Q(t) \cong w_Q(t), \quad t \in [T, \infty] \tag{5-9}$$

由于 $w_Q(t)$ 具有单调递减特性，这只需要 $w_Q(T) \to 0$，取 $|w_Q(t)| \leqslant 0.01$ 得到：

$$T \geqslant 4.7\frac{Q}{\pi f_0} \tag{5-10}$$

若仿真时间步长为 Δt，仿真步数为 N，那么 $T = N\Delta t$，即

$$N \geqslant 4.7\frac{Q}{\pi f_0 \Delta t} \tag{5-11}$$

从而以确定的方式给出了该方法需要的仿真步数。

5.1.3 应用损耗后处理的混响室快速仿真

依据第 4 章建立的混响室时域模型，因为要进行损耗后处理，故模型中不添加任何损耗，即腔壁和搅拌器为 PEC 材料、天线无损耗。利用实测品质因数 Q_M 对无损仿真结果进行损耗后处理。在 80~300MHz 内每隔 2MHz 实测混响室的 Q_M 值，共得到 111 个频点下的品质因数，因而将 80~300MHz 分成 111 个频段，每个频段对应一个实测品质因数值，利用式 (5-11) 计算各频段需要仿真的总步数，得到的最大值为 31800。为了尽可能使得损耗处理后的时域电场值衰减到零，仿真取40000 步。在多台计算机上分别对多个搅拌器位置并行计算，每个搅拌器位置的仿真计算在主流 PC 上大约需要 2h。每次仿真记录测试区域 8 个顶点处电场的 3 个正交分量的时域响应。

首先对混响室无损仿真电场强度信号进行损耗处理。需要注意的是，对于每一组时域电场强度值，为了得到对应频段的损耗后处理结果，需要分别使用相应的品质因数进行损耗处理，然后取出该频段的电场强度频域值。例如，针对某一组时域电场强度，为了得到 81~83MHz 的电场强度频域值，需要选择 82MHz 频点下的品质因数，按照图 5-1 所示的流程进行损耗后处理，其结果对照如图 5-2 所示，然后经 FFT 取出该频段的电场强度频域值。同理可得其他频段的电场强度频域值。

5.1.4 方法验证

按照图 4-29 所示测试流程，测试混响室工作区域内某点在搅拌器旋转一周后的最大场强幅值 $E_{\max}$ 和平均场强 E。比较 80~300MHz 频率范围内的仿真与实测

值，如图 5-3 所示。从图中可以看出，$E_{\max}$ 和 E 的仿真与实测值均处在同一个数量级且表现出了相似的变化趋势，表明采用损耗后处理方法进行仿真计算是可行的，准确度能够满足仿真要求。

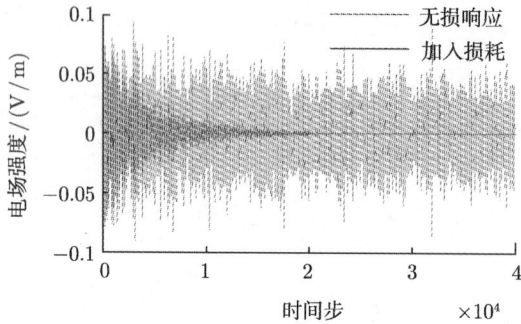

图 5-2　损耗处理前后电场时域值对比图

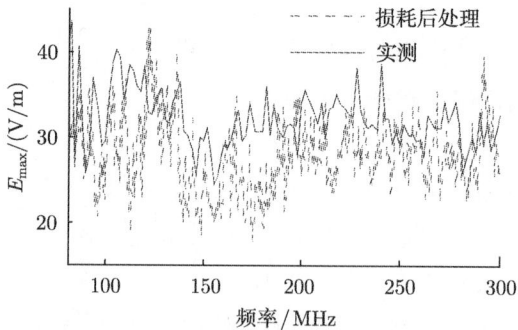

(a) 最大场强幅值比较

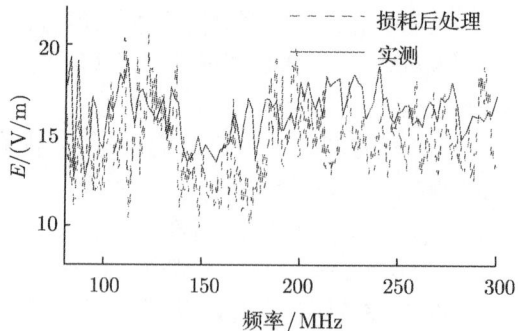

(b) 平均场强比较

图 5-3　损耗后处理时电场强度仿真与实测值的比较

选择 80～300MHz 频段范围内的 6 个代表性频点，低频段间隔 30MHz，高频段间隔 50～60MHz，计算各频点下仿真与实测的场强标准偏差 σ_x、σ_y、σ_z、σ_{24}，如

表 5-1 所示。第一列括号中是标准规定的各个频点下场强最大值标准偏差的上限值。不难看出，混响室测试区域仿真与实测的场均匀性均满足要求，从每一列数据来看，场均匀性随着频率的升高而得到一定改善，符合混响室的一般规律；标准偏差的仿真值与实测值的误差一般在 0.5dB 以下，最大误差均小于 1dB，表明损耗后处理方法能够满足仿真要求。

表 5-1　仿真与实测电场分布标准偏差 (dB) 比较

频率/MHz (上限值/dB)	类别	σ_x	σ_y	σ_z	σ_{24}
80 (4.00)	仿真	2.12	2.80	2.23	1.97
	实测	2.32	2.86	2.00	2.33
110 (3.96)	仿真	1.93	1.74	2.12	1.96
	实测	2.46	2.38	1.80	2.06
140 (3.86)	仿真	2.14	1.16	1.35	2.40
	实测	1.82	1.25	1.05	1.41
190 (3.70)	仿真	2.00	2.16	1.74	2.03
	实测	1.77	1.29	1.25	1.62
240 (3.53)	仿真	1.68	1.92	2.06	1.94
	实测	1.83	2.80	1.56	2.37
300 (3.33)	仿真	1.31	1.77	1.68	1.81
	实测	1.29	1.37	1.16	1.41

5.2　混响室填充等效损耗材料的快速仿真

本节介绍一种基于场平衡等效性原理的混响室损耗模型，该模型采用对无损混响室腔体内 "人工" 填充均匀损耗介质的建模方法，用介质产生的焦耳热损耗等效替代混响室内的总损耗，在形成相似的平衡场分布的同时，加速腔体内场仿真的时域收敛速度，从而节约仿真时间。

5.2.1　等效损耗材料电导率的计算

在混响室等效损耗模型中，所有金属材料和天线系统均没有电磁损耗，系统内唯一的损耗源为 "人工" 均匀填充的损耗介质，此时混响室的功率损耗完全由损耗介质的电导率决定。因此，所赋电导率的大小直接影响模型的准确程度。为准确计算等效损耗介质的电导率，下面给出一种基于混响室品质因数的计算方法。

根据混响室的品质因数定义：

$$Q = \frac{\omega U}{P_{\text{L}}} \tag{5-12}$$

由谐振腔理论可知，当腔体内为空气介质时所存储的能量为

$$U = \frac{\varepsilon_0}{2} \iiint\limits_V |E|^2 \mathrm{d}V \tag{5-13}$$

式中，ε_0 表示真空的电容率；$|E|$ 表示腔体内电场幅值的平均值；V 表示腔体区域。

由式 (5-12) 与式 (5-13) 可知，混响室平衡时腔体内的损耗功率为

$$P_{\mathrm{L}} = \frac{\omega U}{Q} = \frac{\omega \varepsilon_0 \iiint\limits_V |E|^2 \, \mathrm{d}V}{2Q} \tag{5-14}$$

当混响室内均匀填充等效损耗介质时，由于所有的集总损耗被介质损耗所代替，因此等效损耗介质的焦耳损耗是腔体的唯一损耗，此时混响室到达平衡时的损耗功率为

$$P_{\mathrm{L}}' = \iiint\limits_V \boldsymbol{J} \cdot \boldsymbol{E} \mathrm{d}V = \frac{\sigma_n}{2} \iiint\limits_V |E|^2 \mathrm{d}V \tag{5-15}$$

式中，$\boldsymbol{J}$ 表示电流密度矢量；σ_n 表示等效损耗介质的电导率。

当混响室处于平衡状态时，损耗的功率与输入的功率相等，系统的功率增量为零，达到动态平衡状态，此时腔体内电场也处于稳定状态。因此，为使混响室仿真模型与实际混响室达到相同的平衡状态，等效损耗介质的焦耳损耗应与实际混响室平衡时腔体内的损耗功率相等，即

$$P_{\mathrm{L}} = P_{\mathrm{L}}' \tag{5-16}$$

因此，由式 (5-14) 与式 (5-15) 可知，等效损耗介质的电导率为

$$\sigma_n = \frac{\omega \varepsilon_0}{Q} = \frac{2\pi f \varepsilon_0}{Q} \tag{5-17}$$

式中，f 表示混响室激励信号的频率；Q 表示频率为 f 时混响室的品质因数。

根据式 (5-17)，分别采用混响室低频损耗模型所求得的品质因数与实验测量获得的品质因数计算频段为 80~300MHz 时的等效损耗介质电导率，结果如图 5-4 所示。在 80~300MHz 频段内，所有等效损耗介质电导率的仿真计算结果皆处于 10^{-5}~10^{-4}S/m 内，而采用实测数据求得的等效损耗介质电导率 σ_{Mea} 稳定在 1×10^{-5}~3×10^{-5}S/m。其原因为：图 4-33 中混响室品质因数 Q 表现出随频率的近似线性增长，根据式 (5-17) 可知，频率 f 与混响室品质因数 Q 之比应近似为常量，因此等效损耗介质电导率随频率的增加变化不明显，说明等效损耗介质电导率的稳定值可以有效地反映混响室的所有集总损耗水平，能近似代替混响室的总损耗。采用混响室简化模型仿真数据所求得的等效损耗介质电导率 σ_{Sim} 在 80~180MHz 频段内与实测数据比较吻合，而当频率大于 180MHz 时，σ_{Sim} 缓慢地逐渐下降，略低于 σ_{Mea}。其原因为：随着频率的升高，金属壁产生的焦耳损耗逐渐增加，在总损

耗功率中所占的比例也升高, 而混响室简化模型由于只考虑天线损耗, 通过仿真所求得的混响室品质因数必然会略高于实测水平, 从而导致 σ_{Sim} 略低于 σ_{Mea}。

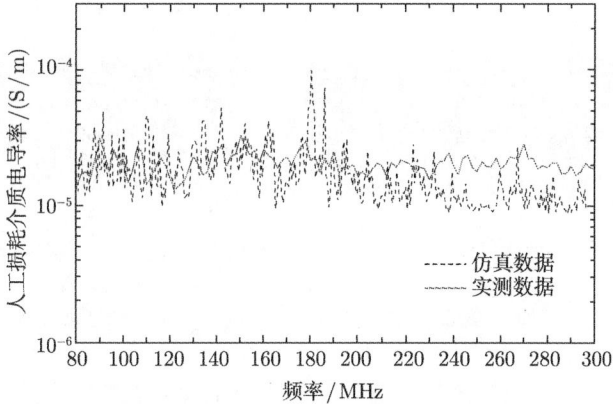

图 5-4 等效损耗介质电导率的计算结果

由式 (5-17) 可知, 计算等效损耗介质的电导率时, 混响室的品质因数为唯一由混响室特性决定的未知量。然而, 当采用 IEC61000-4-21 标准计算品质因数时, 需提供搅拌器步进一周的数据, 不但极为烦琐, 而且需要较长的时间。为提高计算速度, 节约计算时间, 可采用 1.3.3 节介绍的混响室品质因数快速计算方法:

$$Q = \frac{1}{2}\omega\varepsilon_0 V < |\overline{E}|^2 > = \pi f \varepsilon_0 V < |\overline{E}|^2 > \tag{5-18}$$

式中, $< |\overline{E}|^2 >$ 表示混响室内归一化电场的整体平均水平。此时, 只需一个搅拌器位置即可完成对混响室品质因数的计算, 是一种高效快速的计算方法。

结合混响室品质因数的快速计算方法, 只需计算采用简化损耗模型后混响室搅拌器在单一步进位置时的场分布, 即可得到混响室的品质因数, 进而由式 (5-17) 可计算等效损耗材料的电导率, 建立混响室等效损耗模型, 完成对搅拌器其余步进位置的仿真计算与统计分析。

下面给出混响室等效损耗模型与其他混响室损耗模型的仿真效率与场分布对比。采用 FDTD 算法对腔体内均匀填充损耗介质的混响室等效损耗模型进行数值计算, 分别与混响室低频损耗模型 (简化损耗模型) 和损耗后处理技术所得结果进行计算时间的比较。

5.2.2 等效损耗模型与低频损耗模型时域计算时间比较

1) 单频点仿真平衡时间比较

分别建立激励源为 100MHz 和 120MHz 正弦连续波的混响室等效损耗模型, 由图 5-4 可知, 当采用实测品质因数计算 σ_{Mea} 时, 100MHz 和 120MHz 所对应的

σ_{Mea} 分别为 $2.19\times10^{-5}\mathrm{S/m}$ 和 $1.81\times10^{-5}\mathrm{S/m}$。以混响室工作区域某点处为例，对比两种不同模型所得的场强 x 分量时域响应，结果如图 5-5 所示。

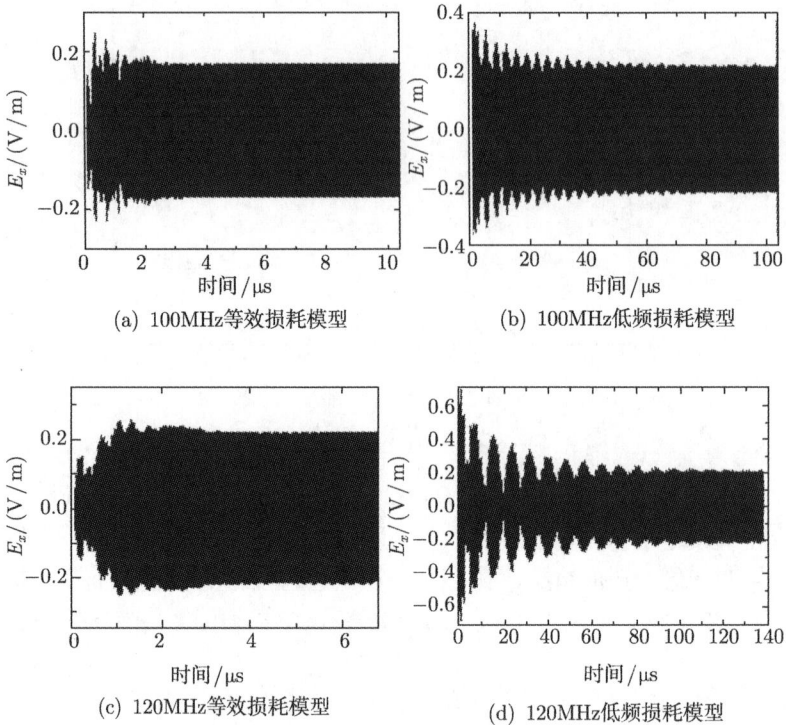

(a) 100MHz等效损耗模型　　　　　　　　　(b) 100MHz低频损耗模型

(c) 120MHz等效损耗模型　　　　　　　　　(d) 120MHz低频损耗模型

图 5-5　采用不同损耗模型仿真时混响室中心点 E_x 的时域响应

由图 5-5 可知，当激励源为 100MHz 正弦连续波时，采用等效损耗模型所得的场强经过约 3.5μs 后达到动态平衡状态，约需仿真 8200 步，远低于采用混响室简化模型所需的 65μs；同样，当激励源为 120MHz 正弦连续时，采用等效损耗模型所得的场强经过约 4μs 后达到动态平衡状态，约需仿真 11500 步，同样远低于采用混响室简化模型所需的 80μs。

2) 宽频带仿真平衡时间比较

建立混响室等效损耗模型，激励源选择 80～300MHz 的调制高斯脉冲，选取 80～300MHz 频段内的混响室品质因数实测数据计算等效损耗介质电导率平均值 $(2.05\times10^{-5}\mathrm{S/m})$ 作为仿真模型中的 σ_{Mea}。以混响室工作区域中心点为例，对比两种不同模型所得的场强 x 分量 E_x 时域响应，结果如图 5-6 所示。由图可知，当激励源为 80～300MHz 频段的调制高斯脉冲时，采用等效损耗模型所得的场强仅经过约 4μs 便完全耗散，约需仿真 25000 步，远远低于采用混响室低频损耗模型的 350μs。

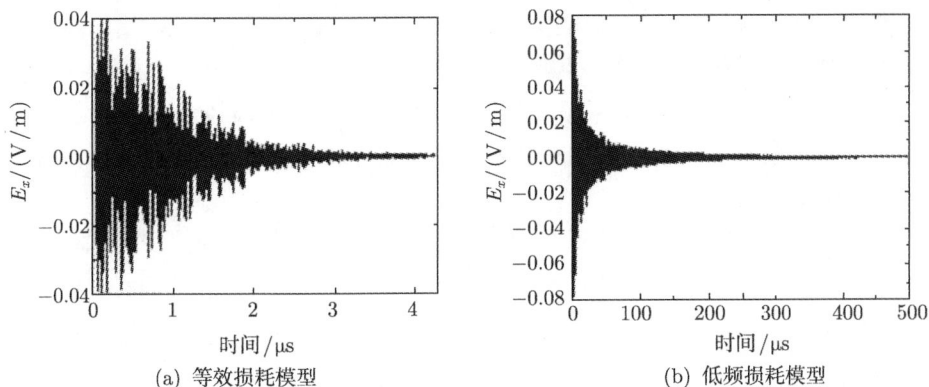

图 5-6　宽频带仿真时混响室中心点 E_x 的时域响应

3) 综合比较与混合应用

上述仿真皆由配置为 Pentium IV, 主频为 3.0GHz 的计算机完成。采用不同损耗模型所需的仿真时间如表 5-2 所示。采用混响室等效损耗模型所需的仿真时间皆远小于采用低频损耗模型所需的仿真时间。当激励源为 100MHz 正弦连续波时, 采用混响室等效损耗模型仿真仅需 1.2min, 而采用低频损耗模型则需 16min。当激励源为 120MHz 正弦连续波时, 采用混响室等效损耗模型仿真需 4.3min, 而采用低频损耗模型则需 162min。当激励源为 80~300MHz 调制高斯脉冲时, 采用混响室等效损耗模型仿真需 120min, 而采用低频损耗模型则需 8.7 天。综上对比, 采用混响室等效损耗模型相比于混响室低频损耗模型可以将所需的仿真时间降低 90% 以上, 且仿真频率越高、频带越宽, 采用混响室等效损耗模型的优势就越明显, 说明等效损耗模型是一种高效的混响室仿真模型。

表 5-2　采用不同损耗模型仿真时间比较

损耗模型与仿真类型	100MHz 单频仿真	120MHz 单频仿真	80~300MHz 宽频仿真
混响室等效损耗模型	1.2min	4.3min	120min
混响室低频损耗模型	16min	162min	8.7day

如上所述, 虽然混响室低频损耗模型的计算效率远不及等效损耗模型, 但其无需在仿真前确定混响室的品质因数, 因此两种损耗模型根据不同的特点在仿真中具有不同的分工。在实际工程应用中, 当建造一个混响室时, 需提前采用仿真的方法考察其性能。由于混响室的实际品质因数未知, 此时需采用混响室低频损耗模型与混响室等效损耗模型相结合的方法进行仿真, 具体步骤如下。

(1) 根据所需建造的混响室尺寸, 按式 (3-28) 求解天线系统作为损耗主体的临界频率 f_{antenna}, 建立 $f_{\text{LUF}} \sim f_{\text{antenna}}$ 频段下混响室低频损耗模型。

(2) 采用低频损耗模型对混响室进行仿真，将仿真结果结合 1.3.3 节讲述的混响室品质因数快速算法，求得该频段下混响室的品质因数。

(3) 根据式 (5-17) 求解当采用等效损耗模型时所需添加损耗介质的电导率，并将无损混响室模型的空间电导率替换为等效损耗介质的电导率，从而建立混响室等效损耗模型。

(4) 结合三维旋转矩阵，实现混响室工作时所有搅拌器步进位置的仿真计算。

综上所述，在混响室仿真中，低频损耗模型主要用于提供品质因数的计算，是利用等效损耗模型对混响室进行仿真分析的前提条件。

5.2.3   等效损耗模型与损耗后处理方法时域计算时间比较

以上分别介绍了损耗后处理方法和填充等效损耗材料的两种混响室快速仿真方法。下面以频段为 80~100MHz 的调制高斯脉冲为激励源，对比采用两种不同方法进行混响室仿真时电磁场的时域平衡时间。

首先仿真一个无损的混响室环境，以工作区域中心点 L_1 处为例，其场强仿真结果如图 5-7 所示。

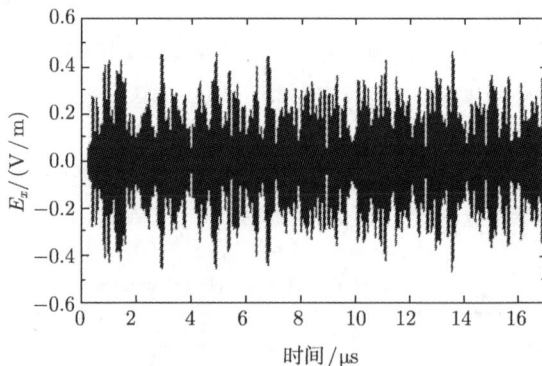

图 5-7   无损混响室模型工作区域中心点 L_1 处的时域响应

图 5-8(a) 给出了采用损耗后处理方法处理之后 L_1 点处的时域响应，图 5-8(b) 给出了采用混响室等效损耗模型仿真得到的 L_1 点处的时域响应。由图可知，图 5-8(a) 中场经过大约 4.5μs 后完全衰减，而图 5-8(b) 中场经过大约 3μs 后完全衰减，收敛时间降低了 33.3%，说明采用混响室等效模型比损耗后处理方法的计算效率更高。

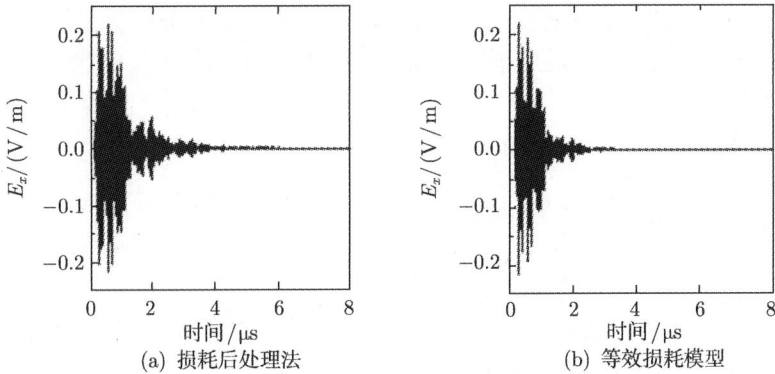

(a) 损耗后处理法   (b) 等效损耗模型

图 5-8 高斯脉冲激励时混响室中心点处 E_x 的时域响应

5.2.4 等效损耗模型加速场收敛原因分析

混响室的收敛时间为从激励源激励开始至系统内的场达到稳态时所耗的时间，场的收敛是一个非常复杂的过程，通常仅耗时几十微秒，此时电磁波的传播耗时不容忽视。下面对混响室等效损耗模型与低频损耗模型的收敛过程进行分析与讨论。

当采用混响室等效损耗模型时，混响室的功率损耗仅由所添加虚拟损耗材料的焦耳损耗产生，此时电磁波的传播过程中无时无刻存在功率损耗，减少了电磁波无耗传播所需的时间，收敛速度大大提高。混响室内的场是经过数千次的反射所形成的，传播过程中的功率损耗导致腔体很难形成较高的电场，电场更倾向于均匀和稳定，所以只需很短的时间即可达到平衡状态。

而当采用混响室低频损耗模型时，混响室的功率损耗由天线内阻的热损耗产生，电磁波传播过程中没有任何形式的功率损耗，仅仅传播至损耗源 (此时为天线内阻) 时才产生功率损耗，这说明将会有更多的时间消耗于电磁波的传播中。此外，由于传播过程中处于无损耗状态，电磁波经过金属壁的反复反射与空间迭加，将易于形成较高的场强，因此需较长的时间用来降低局部的高场强从而达到平衡状态。

下面结合采用混响室等效损耗模型与低频损耗模型 (简化模型) 所得的场强时域分布结果具体分析不同模型的收敛时间。图 5-9 给出了图 5-5 中不同时间段的时域响应波形，其中 (a)、(c) 和 (e) 对应采用混响室等效损耗模型时的时域响应结果；(b)、(d)、(f) 对应采用混响室低频损耗模型时的时域响应结果。

图 5-9 中，(a) 和 (b) 为时域波形的初始阶段 (0~2.5μs)。由于天线刚开始激励信号，电磁波还没有充分反射，因此两幅图中波形十分相似。仔细观察可知，(b) 中的场强在后半段略高于 (a) 中的场强，这是由于采用混响室等效损耗模型时电磁波在传播过程中的损耗。(c) 和 (d) 为 2.5~5μs 阶段的时域波形。经过第一阶段的传播，电磁波已经遍及整个腔体，且反射也急剧增加。此时不同模型的幅度差距已经

凸显，(c) 中的场强更趋于稳定，且低于 (d) 中对应时刻的场强值。在稍后的几微秒中，(e) 中场强已经基本达到平衡状态，而 (f) 中场强仍处于振荡状态。由以上分析可知，采用混响室等效损耗模型将更容易使场达到平衡状态，且传播过程中难以形成较高的瞬时场强，有利于电场分布达到平衡状态。

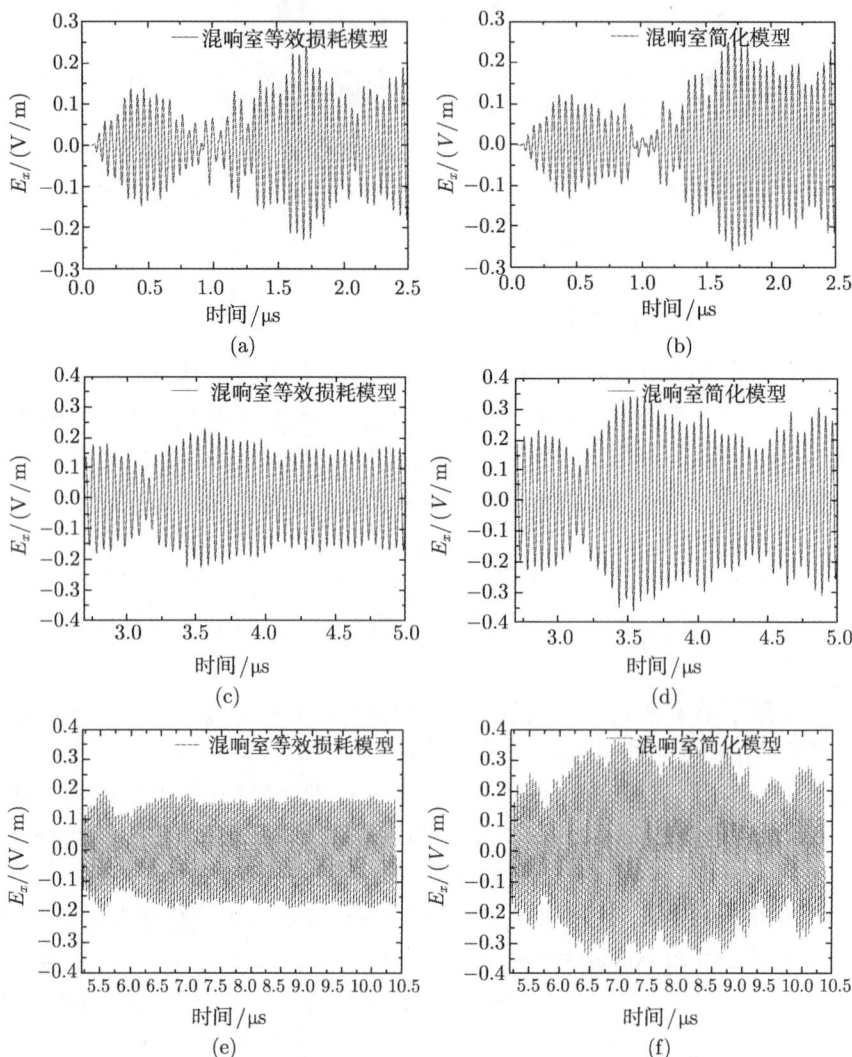

图 5-9　混响室等效损耗模型与简化模型时域响应的分段对比

5.2.5　加入被试设备后混响室等效损耗模型的仿真

以图 3-1 所示混响室为测试平台，将一个有开口的屏蔽金属箱体放置于混响室测试区域，开口可用于固定测试材料，其架构如图 5-10 所示。其中，屏蔽箱的尺寸为 0.9m(长) × 0.8m(宽) × 1.0m(高)，其开口尺寸为 0.3m × 0.3m。将被测材料固定于屏蔽箱开口处，其中被测材料的电磁属性为：$\sigma = 5\mathrm{S/m}$, $\varepsilon_\mathrm{r} = 10$, $\mu_\mathrm{r} = 1$。

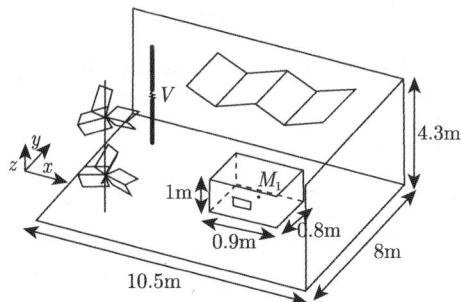

图 5-10　加载屏蔽金属箱体的混响室架构

采用填充等效损耗介质的方法对此混响室模型进行仿真计算，选取 100MHz 正弦连续波作为被测系统的激励源，其中屏蔽壳体中心点 M_1 处的场强仿真结果如图 5-11 所示。当场强到达平衡时，M_1 处 3 个直角分量的幅值分别为 6.23×10^{-4} V/m、1.24×10^{-3} V/m 和 2.95×10^{-3} V/m。

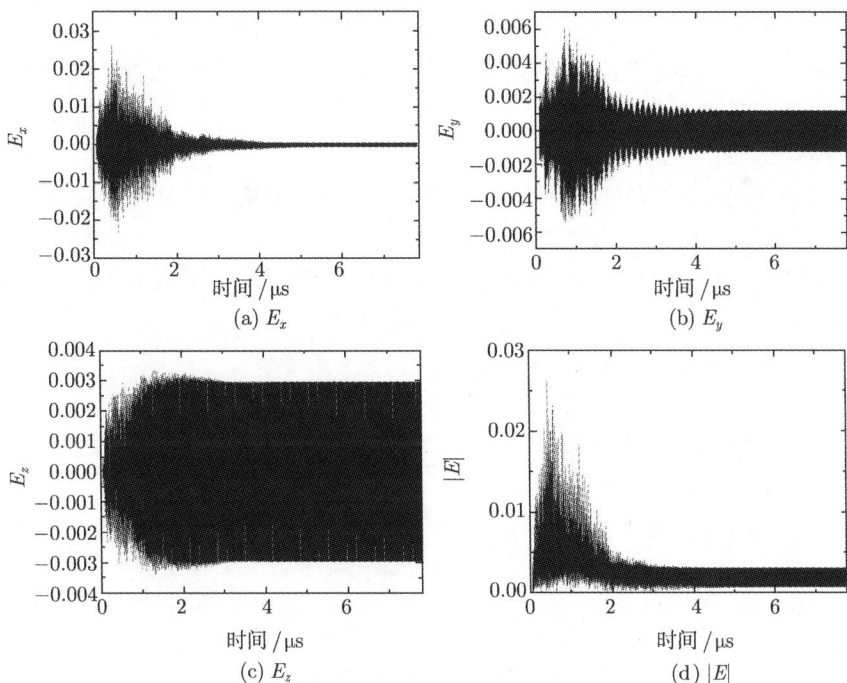

图 5-11　混响室加载带窗屏蔽腔体中心点处的时域响应

同样使用场强仪对混响室加载带窗屏蔽腔体中心点 M_1 处的场强进行测量，并将所有场强结果归一化，结果如表 5-3 所示。表中仿真与实测的归一化场强值比较接近，说明了在被测设备环境下混响室等效损耗模型仿真计算的准确性。

表 5-3　带窗屏蔽腔体中心 M_1 点仿真与实测归一化场强的比较

	E_x	E_y	E_z	$|E|$
仿真值	0.031	0.061	0.145	0.163
实测值	0.04	0.08	0.19	0.21

理论上，混响室的品质因数通常为几百至几千，因此当采用混响室等效损耗模型时，其等效损耗介质电导率只有数十微西门子每米，如此量级的电导率具有较差的电传导能力。比如，纯净水的电导率为 2×10^{-4} S/m，十倍于本书混响室的等效损耗介质电导率 $(2\times10^{-5}$ S/m)。然而，混响室作为一种电磁兼容测试环境，其受试设备通常对电磁辐射比较敏感，且由金属材料构成。一般情况下，金属材料的电导率皆大于 10^4 S/m，是所研究混响室等效损耗介质电导率的 10^9 倍，因此混响室中所添加的等效损耗介质不会影响受试设备的电磁特性，也即对仿真结果不会造成影响。

5.2.6　混响室等效损耗模型的实验验证

采用 4.3 节中讲述的混响室仿真模型实验验证方法，对等效损耗模型进行实验验证。

1) 品质因数与电场强度的验证

分别采用混响室等效损耗模型仿真数据与实测数据计算品质因数 Q_{Sim} 与 Q_{Mea}，结果如图 5-12 所示。由图可知，两条曲线表现出较好的一致性，且随频率升高皆呈现出逐渐上升的趋势，说明等效损耗材料电导率可以正确地反映混响室的功率损耗水平，证明了混响室等效损耗模型的正确性。

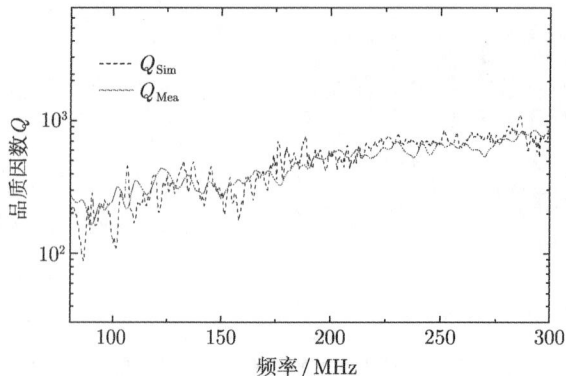

图 5-12　等效损耗模型仿真计算的品质因数与实测品质因数的比较

同样，分别比较搅拌器步进一周的最大场强稳定值和平均场强稳定值在混响室工作区域内的平均水平，结果如图 5-13 与图 5-14 所示。图中，实测结果与仿真结果具有相似的趋势，并没有出现随着频率的升高，实测结果逐渐低于仿真结果的现象，进一步证明了采用等效损耗材料所建立混响室模型的合理性与正确性。

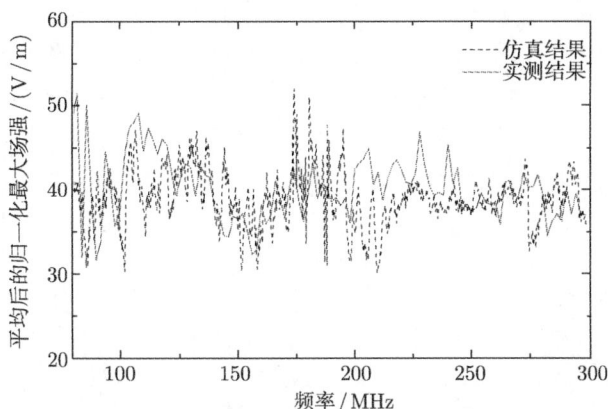

图 5-13　搅拌器步进一周时等效损耗模型仿真计算的最高场强与实测值的比较

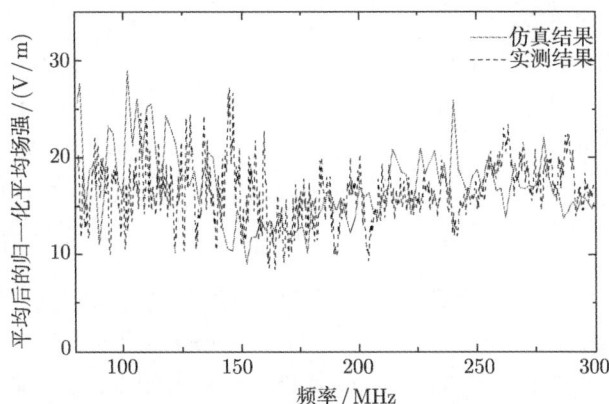

图 5-14　搅拌器步进一周时等效损耗模型仿真计算的平均场强与实测值的比较

2) 等效损耗模型仿真结果的统计均匀性验证

计算等效损耗模型仿真结果的拟合理论累积分布函数，通过直观比较仿真与实测的累积分布函数分别与其各自拟合的理论累积分布函数之间的拟合度，以及KS 检验定量分析、验证模型的统计均匀特性。

图 5-15 分别给出了不同工作频点时工作区域中心点处的仿真、实测及其拟合的理论累积分布函数曲线。图中，仿真结果 CDF 与其拟合理论 CDF 具有较好的一致性，说明等效损耗模型统计均匀特性较好。

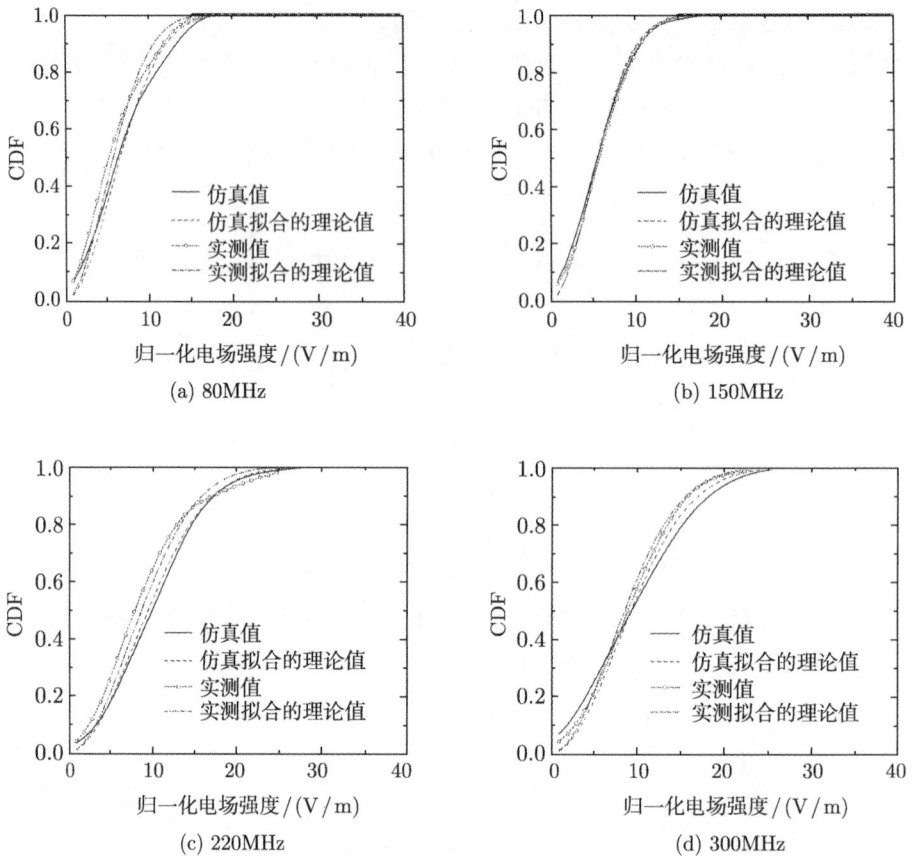

(a) 80MHz

(b) 150MHz

(c) 220MHz

(d) 300MHz

图 5-15　不同频点处仿真、实测及其各自拟合的理论累积分布函数比较

图 5-16 给出了采用等效损耗模型仿真计算的混响室测试区域中心点处 E_x 在 80~300MHz 频段内的 KS 检验结果。在 80~300MHz 频段内共仿真计算 955 个频率点，其中 907 个频率点出现 $H = 0$，即检验接受原假设，在 955 个频率点中所占比例为 95%，说明在 80~300MHz 频段内，等效损耗模型的绝大部分频率点的仿真结果与其理论分布符合，满足统计均匀特性。由图 5-16 又可知，随着频率的增大，$H = 1$ 的密度越来越低，说明随着频率的升高，混响室等效损耗模型仿真结果的统计均匀特性越来越好，符合混响室的理论特性。

图 5-17 给出了不同频点时等效损耗模型出现 $H = 1$ 的采样分量在工作区域 108 个分量中的比率。由图可知，随着频率的升高，拒绝比率越来越低，说明混响室的统计均匀特性越来越佳，符合混响室的理论特性。

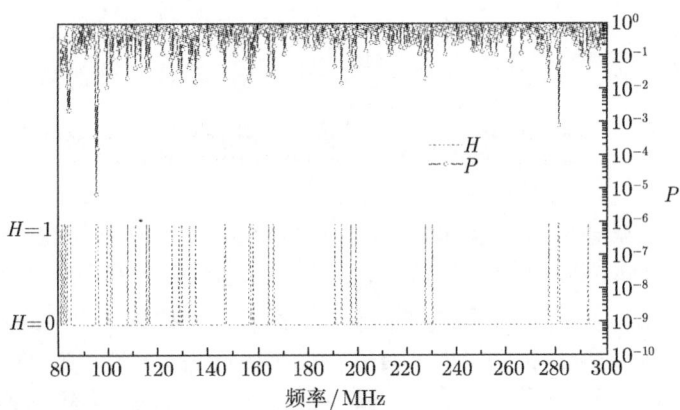

图 5-16 等效损耗模型仿真计算混响室测试区域中心处场强的 KS 检验结果

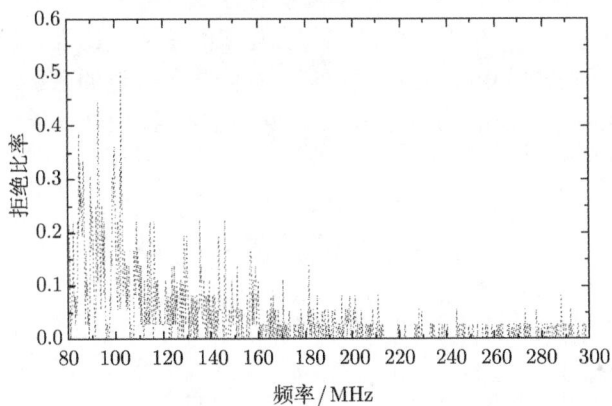

图 5-17 等效损耗模型计算结果采样场分量的拒绝事件比率

第6章 应用矩阵束法的混响室时域快速仿真

采用混响室低频损耗模型和混响室等效损耗模型后，大大降低了混响室电磁场的仿真分析时间，能够准确计算混响室的归一化场强，合理评估混响室的场均匀性，为混响室设计奠定了坚实的基础。为进一步降低混响室时域模型的仿真时间，可根据前期仿真的混响室时域响应，对后期时域响应进行预测。由于预测时间一般远小于数值计算时间，从而达到进一步减少仿真时间的目的。考虑到混响室的电磁场宽频时域响应由许多指数衰减阻尼正弦曲线组合而成，基于一系列阻尼指数之和表达式的矩阵束预测方法非常适合混响室的时域预测。

传统矩阵束方法计算信号矩阵奇异值变化率时受信噪比因素影响较大，且计算效率不高。本章在传统矩阵束方法基础上，介绍一种改进的适于混响室时域响应预测的加速矩阵束方法，并采用改进的矩阵束方法结合 FDTD 算法实现混响室时域模型的加速计算。

6.1 传统的矩阵束方法

具有 N 个采样点的 FDTD 的时域响应 $y(nT_\mathrm{s})$ 可表示为一系列阻尼指数之和：

$$
\begin{aligned}
y(nT_\mathrm{s}) = s(nT_\mathrm{s}) + n(nT_\mathrm{s}) &\approx \sum_{i=1}^{M} R_i \mathrm{e}^{(-\alpha_i + \mathrm{j}2\pi f_i)nT_\mathrm{s}} + n(nT_\mathrm{s}) \\
&= \sum_{i=1}^{M} R_i z_i^n + n(nT_\mathrm{s}), \quad n = 0, 1, \cdots, N-1
\end{aligned}
\tag{6-1}
$$

$$
z_i = \mathrm{e}^{(-\alpha_i + \mathrm{j}2\pi f_i)T_\mathrm{s}}, \quad i = 1, 2, \cdots, M
\tag{6-2}
$$

式中，$s(nT_\mathrm{s})$、$n(nT_\mathrm{s})$、M、T_s 及 N 分别表示信号、噪声、指数阻尼正弦数、取样周期和采样点数；R_i、α_i、f_i 分别表示余数、衰减因子和频率，这 3 个量为需要拟合的未知量。

基于 $y(nT_\mathrm{s})$，构造数据矩阵 $\boldsymbol{Y}$：

$$
\boldsymbol{Y} = \begin{bmatrix}
y(0) & y(1) & \cdots & y(L) \\
y(1) & y(2) & \cdots & y(L+1) \\
\vdots & \vdots & & \vdots \\
y(N-L-1) & y(N-L) & \cdots & y(N-1)
\end{bmatrix}_{(N-L) \times (L+1)}
\tag{6-3}
$$

分别移除矩阵 $\boldsymbol{Y}$ 的最后一列和第一列,得矩阵 $\boldsymbol{Y}_1$ 和 $\boldsymbol{Y}_2$,以 MATLAB 语言形式可表示为

$$\boldsymbol{Y}_1 = \boldsymbol{Y}(:, 1:L) \tag{6-4}$$

$$\boldsymbol{Y}_2 = \boldsymbol{Y}(:, 2:L+1) \tag{6-5}$$

6.1.1 无噪条件下的矩阵束方法

当已知数据序列 $y(nT_{\mathrm{s}})$ 中无数值误差和随机噪声时,$n(nT_{\mathrm{s}}) = 0$,$y(nT_{\mathrm{s}}) = s(nT_{\mathrm{s}})$,$\boldsymbol{Y}_1$ 和 $\boldsymbol{Y}_2$ 可表示为

$$\boldsymbol{Y}_1 = \boldsymbol{Z}_1 \boldsymbol{R} \boldsymbol{Z}_2 \tag{6-6}$$

$$\boldsymbol{Y}_2 = \boldsymbol{Z}_1 \boldsymbol{R} \boldsymbol{Z}_0 \boldsymbol{Z}_2 \tag{6-7}$$

式中

$$\boldsymbol{Z}_1 = \begin{bmatrix} 1 & 1 & \cdots & 1 \\ z_1 & z_2 & \cdots & z_M \\ \vdots & \vdots & & \vdots \\ z_1^{N-L-1} & z_2^{N-L-1} & \cdots & z_M^{N-L-1} \end{bmatrix}_{(N-L) \times M} \tag{6-8}$$

$$\boldsymbol{Z}_2 = \begin{bmatrix} 1 & z_1 & \cdots & z_1^{L-1} \\ 1 & z_2 & \cdots & z_2^{L-1} \\ \vdots & \vdots & & \vdots \\ 1 & z_M & \cdots & z_M^{L-1} \end{bmatrix}_{M \times L} \tag{6-9}$$

$$\boldsymbol{Z}_0 = \begin{bmatrix} z_1 & 0 & \cdots & 0 \\ 0 & z_2 & \cdots & 0 \\ \vdots & \vdots & & \vdots \\ 0 & 0 & \cdots & z_M \end{bmatrix}_{M \times M} \tag{6-10}$$

$$\boldsymbol{R} = \begin{bmatrix} R_1 & 0 & \cdots & 0 \\ 0 & R_2 & \cdots & 0 \\ \vdots & \vdots & & \vdots \\ 0 & 0 & \cdots & R_M \end{bmatrix}_{M \times M} \tag{6-11}$$

矩阵 $\boldsymbol{Y}_1$ 和 $\boldsymbol{Y}_2$ 的矩阵束定义为它们的线性组合:

$$\boldsymbol{Y}_2 - \lambda \boldsymbol{Y}_1 = \boldsymbol{Z}_1 \boldsymbol{R} [\boldsymbol{Z}_0 - \lambda \boldsymbol{I}] \boldsymbol{Z}_2 \tag{6-12}$$

式中, I 为 $M \times M$ 的单位矩阵。假设 $M \leqslant L \leqslant N - M$, 矩阵 $Y_2 - \lambda Y_1$ 的秩为 M。然而, 如果 $\lambda = z_i (i = 1, 2, \cdots, M)$, 秩将减为 $M - 1$。这就表示 z_i 为 $[Y_1, Y_2]$ 的广义特征值。因此:

$$Y_2 r_i = z_i Y_1 r_i \tag{6-13}$$

式中, r_i 为 z_i 的广义特征向量。

式 (6-13) 的等价形式为

$$(Y_1^+ Y_2 - z_i I) r_i = 0 \tag{6-14}$$

式中, Y_1^+ 表示 Y_1 的广义逆矩阵。根据式 (6-14), 可求得 $Y_1^+ Y_2$ 的特征值 z_i。

一旦 M 和 z_i 已知, R_i 可通过求解如下的最小二乘问题获取:

$$
\begin{bmatrix} y(0) \\ y(1) \\ \vdots \\ y(N-1) \end{bmatrix} = \begin{bmatrix} 1 & 1 & \cdots & 1 \\ z_1 & z_2 & \cdots & z_M \\ \vdots & \vdots & & \vdots \\ z_1^{N-1} & z_2^{N-1} & \cdots & z_M^{N-1} \end{bmatrix} \begin{bmatrix} R_1 \\ R_2 \\ \vdots \\ R_M \end{bmatrix} \tag{6-15}
$$

6.1.2　加噪条件下的矩阵束方法

在实际应用中, 数据序列 $y(nT_s)$ 中往往含有数值误差和噪声, 因此, 具备滤波性能的矩阵束方法 —— 总体最小二乘矩阵束方法 (Total Least-Squares Matrix Pencil, TLSMP) 更具有普适性。

定义矩阵 Y 的奇异值分解 (Singular Value Decomposition, SVD) 为

$$Y = U \Sigma V^H \tag{6-16}$$

式中, 上标 "H" 表示共轭转置; U、V 为酉矩阵, 分别由 YY^H 和 $Y^H Y$ 的特征向量构成; Σ 是由矩阵 Y 的奇异值构成的对角矩阵, 奇异值位于主对角线上呈下降趋势分布。

由 6.1.1 节的分析可知, 如果数据序列 $y(nT_s)$ 中无噪声, 矩阵 Y 将包含 M 个非零奇异值。然而由于噪声的存在, 值为 0 的奇异值将会被 "污染", 从而导致一些非零奇异值。通过去除 Σ 中的 "假" 奇异值及相应的左和右奇异向量, 可以消除这些噪声产生的误差。

定义 Σ' 为 $M \times M$ 的对角矩阵, 其中主对角线上为矩阵 Y 的前 M 个较大的奇异值。定义 U'、V' 分别为 U、V 中对应 Σ' 的子矩阵, 以 MATLAB 语言形式可表示为

$$U' = U(:, 1:M) \tag{6-17}$$

$$V' = V(:, 1:M) \tag{6-18}$$

$$\Sigma' = \Sigma(1:M, 1:M) \tag{6-19}$$

由此可得

$$Y' = U'\Sigma'V'^{\mathrm{H}} \tag{6-20}$$

$$Y'_1 = U'\Sigma'V'^{\mathrm{H}}_1 \tag{6-21}$$

$$Y'_2 = U'\Sigma'V'^{\mathrm{H}}_2 \tag{6-22}$$

式中，V'_1 和 V'_2 分别表示移除矩阵 V' 最后一列和第一列后的矩阵。

根据式 (6-21) 和式 (6-22) 可知，参数 z_i（$Y_1^+Y_2$ 的特征值）为 $(V_1'^{\mathrm{H}})^+V_2'^{\mathrm{H}}$ 的非零特征值。

6.1.3 Hankel 结构的矩阵束方法

根据式 (6-3)~式 (6-5)，矩阵 Y、Y_1 和 Y_2 具备 Hankel 结构。然而，无噪、加噪条件下的矩阵束方法以及 TLSMP 方法均忽略了矩阵束的 Hankel 结构特性。为进一步提高预测精度，可采用减秩的 Hankel 运算实现矩阵束的 Hankel 结构特性。

对于一个秩为 L 的矩阵束 X，定义秩-M 的 $(M \leqslant L)$ 的近似运算符 $\mathcal{L}$ 为

$$\mathcal{L}(X) = \sum_{m=1}^{M} \beta_m u_m v_m^{\mathrm{H}} \tag{6-23}$$

式中，$\{\beta_1, \beta_2, \cdots, \beta_M\}$ 为矩阵 X 的前 M 个最大奇异值；u_m 和 v_m 分别为相应的左、右奇异向量。因此，矩阵 Y、Y_1 和 Y_2 的减秩操作可表示为

$$\mathcal{L}(Y) = Y' \tag{6-24}$$

$$\mathcal{L}(Y_1) = Y'_1 \tag{6-25}$$

$$\mathcal{L}(Y_2) = Y'_2 \tag{6-26}$$

然而，$\mathcal{L}(Y_1)$ 和 $\mathcal{L}(Y_2)$ 不具备 Hankel 结构，从而导致参数的估计误差。因此，需要对矩阵 Y、Y_1 和 Y_2 进行 Hankel 近似。对于一个 $B \times D$ 的矩阵 X，定义 Hankel 近似运算符 $\mathcal{H}$ 为

$$C = \mathcal{H}(X) \tag{6-27}$$

C 中第 b 行、第 d 列元素为

$$c_{b,d} = \sum_{(b',d') \in \Lambda_{b+d}} x_{b',d'} \bigg/ |\Lambda_{b+d}| \tag{6-28}$$

式中，$b = 0, 1, \cdots, B-1$；$d = 0, 1, \cdots, D-1$；Λ_t 是对应矩阵第 t 个反对角线的索引集合。例如，$\Lambda_t = \{(b', d') \,|\, 0 \leqslant b' \leqslant B-1, 0 \leqslant d' \leqslant D-1, b'+d' = t\}$，$|\Lambda_t|$ 表示 Λ_t 的势。

为了保持数据矩阵的减秩和 Hankel 特性，定义减秩 Hankel(Reduced-Rank Hankel Approximation，RRHA) 运算符 J 为

$$J(\boldsymbol{X}) = (\mathcal{HL})^{\infty}(\boldsymbol{X}) = \lim_{k \to \infty} (\mathcal{HL})^k(\boldsymbol{X})$$

$$= \lim_{k \to \infty} \underbrace{(\mathcal{HL} \cdots (\mathcal{HL}(\mathcal{HL}(\boldsymbol{X}))))}_{k} \tag{6-29}$$

式中，k 表示迭代次数。定义终止条件为

$$\frac{\left\| ((\mathcal{HL})^k(\boldsymbol{X}) - (\mathcal{HL})^{k-1}(\boldsymbol{X})) \right\|_F}{\| (\mathcal{HL})^k(\boldsymbol{X}) \|_F} \leqslant 10^{-3} \tag{6-30}$$

采用 RRHA 运算，Hankel 结构的矩阵束方法的具体运算流程可表示如下：

(1) 计算 $J(\boldsymbol{Y})$，并令 $\hat{\boldsymbol{Y}} = J(\boldsymbol{Y})$；

(2) 通过移除 $\hat{\boldsymbol{Y}}$ 的最后一列和第一列，构造 $\hat{\boldsymbol{Y}}_1$ 和 $\hat{\boldsymbol{Y}}_2$；

(3) 计算 $\mathcal{L}(\hat{\boldsymbol{Y}}_1)$，并令 $\hat{\boldsymbol{Y}}_1' = L(\hat{\boldsymbol{Y}}_1)$；

(4) 计算 $\mathcal{L}(\hat{\boldsymbol{Y}}_2)$，并令 $\hat{\boldsymbol{Y}}_2' = L(\hat{\boldsymbol{Y}}_2)$；

(5) 计算 $(\hat{\boldsymbol{Y}}_1')^{+}\hat{\boldsymbol{Y}}_2'$ 的 M 个非零特征值；

(6) 计算 R_i。

6.2　矩阵束中计算指数阻尼正弦数的新准则

无论是无噪、加噪条件下的矩阵束方法还是 Hankel 矩阵束 (HMP) 方法，指数阻尼正弦数 M 的判定结果都会直接影响指数阻尼正弦衰减因子和余数 R_i 的计算准确度。关于指数阻尼正弦数的计算准则有很多，但其中绝大部分准则计算烦琐，耗时较长。因此，大部分准则通常仅用于单纯地计算信号中的阻尼正弦数，而极少见到用于目的为节约时间的信号预测。

一般采用一个简单、省时且常用于信号预测的 M 值计算准则：即满足式 (6-31) 的 β_i 个数为 M 值：

$$\beta_{\max} > \beta_i > 10^{-p}\beta_{\max} \tag{6-31}$$

式中，p 表示数据的有效位数。在假定精度下，作为奇异值数函数的比值 $\beta/\beta_{\max}$ 可用来判定 M。例如，如果数据设定为 4 位有效数字，则 $\beta/\beta_{\max} < 10^{-4}$ 的奇异值将不会被选择。

由于不同的情况噪声大小不同，则 p 值需要由给定数据的实际情况来确定。因此在没有一个统一准则时，p 值的确定非常不方便。另一方面，式 (6-31) 中 p 值的选择都是基于人为假设的准确度，势必影响 M 的计算结果。

6.2.1 计算指数阻尼正弦数的新准则

本节将提出一种简单高效的计算阻尼正弦数的准则并进行验证。定义矩阵 $\boldsymbol{Y}$ 奇异值的减小率为

$$\xi_j = \frac{\beta_i - \beta_{i+1}}{\beta_i}, \quad i = 1, 2, \cdots q; j = i \tag{6-32}$$

且

$$0 < \xi_j < 1 \tag{6-33}$$

式中，q 为奇异值数。

根据噪声奇异值远小于信号奇异值的特性，奇异值减少率的最大值 $\xi_{\max}$ 将出现在信号和噪声奇异值的分界点。因此，奇异值减小率 $\xi_{\max}$ 出现位置对应的奇异值为最小信号奇异值，该值及其前面的奇异值个数即为 M。

为验证该新准则的正确性，根据式 (6-1) 构建一个含有噪声的随机信号，分别采用基于式 (6-33) 新准则和式 (6-31) 常规准则的 Hankel 矩阵束方法，通过前期的信号数据拟合信号表达式。由于实际的信号通常为实数，因此构建的信号也必须是实数。为了满足此要求，拟合表达式中的每一个频率对应两个共轭的模式，那么计算得到的 M 将是实际频率的两倍。

根据式 (6-1)，构造的信号 $y_1(nT_s)$ 可表示为

$$y_1(nT_s) = \mathrm{Re}[s_1(nT_s) + n_1(nT_s)] = \mathrm{Re}\left[\sum_{i=1}^{3} R_i \mathrm{e}^{(-\alpha_i + \mathrm{j}2\pi f_i)nT_s} + n_1(nT_s)\right] \tag{6-34}$$

式中，$\mathrm{Re}(\cdot)$ 表示取实部。取 $N = 2000$，$T_s = 2.5 \times 10^{-9}\mathrm{s}$，$R_1 = 0.1751$，$R_2 = 0.1255$，$R_3 = 0.1375$，$\alpha_1 = 299680$，$\alpha_2 = 391940$，$\alpha_3 = 268080$，$f_1 = 158.53\mathrm{MHz}$，$f_2 = 122.38\mathrm{MHz}$，$f_3 = 175.13\mathrm{MHz}$。$n_1(nT_s)$ 表示高斯白噪声，信噪比为 1.5dB。$\mathrm{Re}[s_1(nT_s)]$、$y_1(nT_s)$ 信号波形如图 6-1 所示。与混响室时域波形比较可知，$\mathrm{Re}[s_1(nT_s)]$、$y_1(nT_s)$ 与混响室时域波形较接近。

信号 $y_1(nT_s)(n = 1, 2, \cdots, 1000)$ 作为 Hankel 矩阵束方法的输入来拟合表达式，并以此表达式预测信号 $\mathrm{Re}[s_1(nT_s)]$ $(n = 1, 2, \cdots, 2000)$。Hankel 矩阵束方法中 L 为 700。由于信号的频率数为 3，滤除噪声后的理论 M 值应为 6。

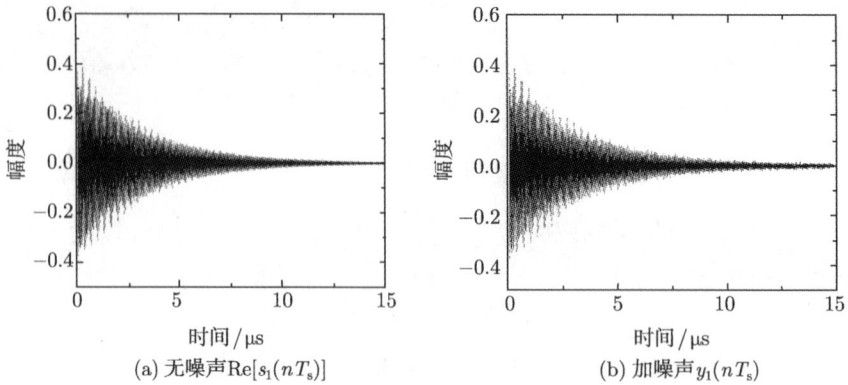

(a) 无噪声 $\mathrm{Re}[s_1(nT_s)]$　　　　　　　　(b) 加噪声 $y_1(nT_s)$

图 6-1　构造的信号 $\mathrm{Re}[s_1(nT_s)]$、$y_1(nT_s)$

采用新准则，RRHA 运算中的迭代次数为 6。每次 SVD 的奇异值如表 6-1 所示。

表 6-1　采用新准则时 RRHA 中每次迭代的奇异值

序号	1	2	3	4	5	6
1	28.4999	28.4805	28.4789	28.4785	28.4784	28.4784
2	28.3462	28.3321	28.3314	28.3312	28.3311	28.3311
3	22.0402	21.9913	21.9834	21.9811	21.9802	21.9799
4	21.8670	21.8233	21.8180	21.8169	21.8167	21.8167
5	16.9704	16.9058	16.8947	16.8913	16.8901	16.8897
6	16.8946	16.8264	16.8151	16.8118	16.8109	16.8106
7	4.4155	0.6868	0.3516	0.1971	0.1127	0.0648
8	4.3989	0.6830	0.3488	0.1954	0.1118	0.0642
9	3.8536	0.6646	0.3091	0.1602	0.0875	0.0490
⋮	⋮	⋮	⋮	⋮	⋮	⋮
299	0.7488	0.0000	0.0000	0.0000	0.0000	0.0000
300	0.7406	0.0000	0.0000	0.0000	0.0000	0.0000

由表 6-1 可知，当 i 小于 6 时，奇异值 β_i 非常接近；而当 i 大于 6 时，β_i 急剧下降，说明 $i \geqslant 7$ 之后的 β_i 是由噪声引起的。由表 6-1 又可知，随着迭代次数的增加，β_i 逐渐减小，其中 $\beta_i(i \geqslant 7)$ 尤为显著，这说明信号 $y_1(nT_s)$ 随着迭代次数增加，噪声逐渐被滤掉。

根据表 6-1 和式 (6-32)，图 6-2 给出了每次迭代时奇异值的减小率 ξ_j。由图 6-2 可知，每次迭代奇异值减小率的最大值 $\xi_{\max}$ 出现在 $j = 6$。根据新准则，每次迭代确定的 M 值都为 6，与理论值一致，从而说明"虚假"奇异值已被滤除。

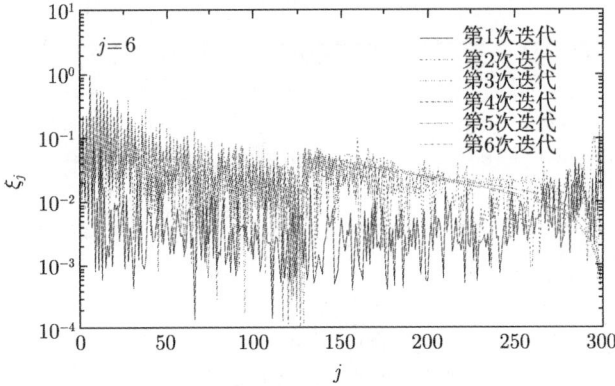

图 6-2 每次迭代奇异值的减少率

图 6-3 给出了每次迭代的奇异值减小率最大值 $\xi_{\max}$。随着迭代次数的增加，$\xi_{\max}$ 逐渐增大直至最终趋向于理论值 1，说明新准则的去噪效果较好。

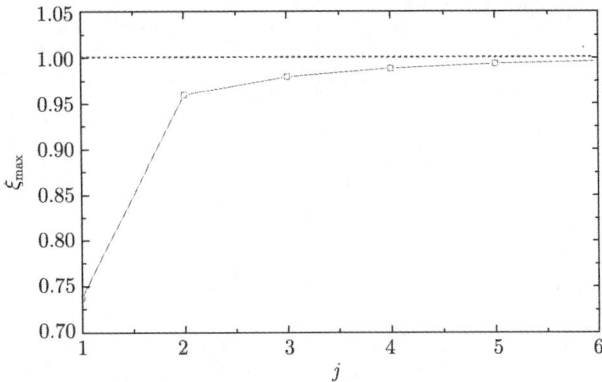

图 6-3 每次迭代的奇异值减小率最大值 $\xi_{\max}$

当采用式 (6-31) 的常规准则，且式 (6-31) 中的 $p > 1(p \in Z)$ 时，RRHA 中的迭代次数始终为 1，M 计算结果为 300，远大于理论值 6，这说明经过减秩操作后选择的奇异值 (表 6-1 中第一列) 中包含了 294 个 "虚假" 奇异值。因此，采用常规准则预测的信号必然含有大量噪声。当式 (6-31) 中的 $p = 1$ 时，RRHA 中的迭代次数大约为 9 (由于噪声的随机性，每次迭代次数会略微变化)。当迭代次数为 9 时，每次 SVD 后的奇异值如表 6-2 所示。

表 6-2 常规准则 RRHA 中每次迭代的奇异值

序号	1	2	3	4	5	6	7	8	9
1	28.500	28.482	28.479	28.478	28.478	28.478	28.478	28.478	28.478
2	28.346	28.333	28.332	28.332	28.331	28.331	28.331	28.331	28.331
3	22.040	21.993	21.984	21.981	21.980	21.980	21.980	21.980	21.980

续表

序号	1	2	3	4	5	6	7	8	9
4	21.867	21.823	21.818	21.817	21.817	21.817	21.817	21.817	21.817
5	16.970	16.909	16.898	16.894	16.893	16.893	16.893	16.893	16.893
6	16.895	16.829	16.817	16.814	16.813	16.812	16.812	16.812	16.812
7	4.416	4.307	4.045	3.776	3.718	3.703	3.699	3.697	3.696
8	4.399	4.293	4.030	3.757	3.697	3.683	3.678	3.677	3.677
9	3.854	3.716	3.680	3.669	3.663	3.660	3.659	3.658	3.658
⋮	⋮	⋮	⋮	⋮	⋮	⋮	⋮	⋮	⋮
299	0.749	0.002	0.000	0.000	0.000	0.000	0.000	0.000	0.000
300	0.741	0.002	0.000	0.000	0.000	0.000	0.000	0.000	0.000

图 6-4 比较了 $y_1(nT_s)$、$\mathrm{Re}\,[s_1(nT_s)]$ 和预测信号的频谱。其中，$y_2(nT_s)$ 表示采用新准则得到的预测信号；$y_3(nT_s)$ 和 $y_4(nT_s)$ 分别表示采用常规准则且 $p=1$ 及 $p>1\,(p\in Z)$ 时分别得到的预测信号。

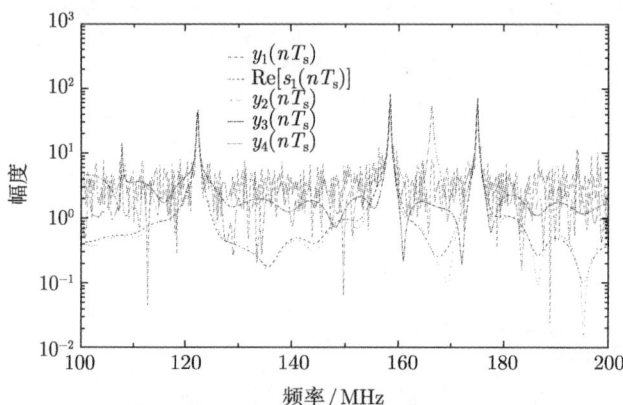

图 6-4　预测信号和 $y_1(nT_s)$、$\mathrm{Re}[s_1(nT_s)]$ 的频谱比较

由图 6-4 可知，采用常规准则求得的预测信号依然含有大量噪声，尽管噪声相比于原信号 $y_1\,(nT_s)$ 已有所下降。此外，当 p 值大于 1 时，预测信号中含有一个错误频率。相比而言，通过新准则求得的预测信号则几乎没有噪声，且与构建的原无噪信号 $\mathrm{Re}\,[s_1(nT_s)]$ 非常一致。以上现象说明新准则比常规准则去噪效果要好且预测准确度更高。

为定量评价预测精度，定义相对误差 η 为

$$\eta = \frac{\|\boldsymbol{S} - \boldsymbol{S}'\|_2}{\|\boldsymbol{S}\|_2} \tag{6-35}$$

式中，$\|\cdot\|_2$ 表示 2 范数；$\boldsymbol{S}$ 表示实际信号；$\boldsymbol{S}'$ 表示预测信号。

图 6-5 分别给出了预测信号的相对误差 η_i (此时 S 表示 $\mathrm{Re}\,[s_1(nT_s)]$，以及当 SNR 从 0.2dB 变化到 50dB 时采用新准则、常规准则分别计算的 M_i ($i=0$、1、2、3 和 4。"0" 代表新准则，"1"、"2"、"3" 和 "4" 表示常规准则且 p 分别等于 1、2、3 和 4)。

在图 6-5 中，当 SNR 不同时，相对误差 η_1、η_2、η_3 和 η_4 的最小值也不同，因此为了最小的相对误差，应根据具体的 SNR 值确定常规准则中的参数 p。因为参数 p 的确定需要不断尝试，过程非常烦琐且有时 SNR 本身也很难确定，因此常规准则的使用非常不方便。

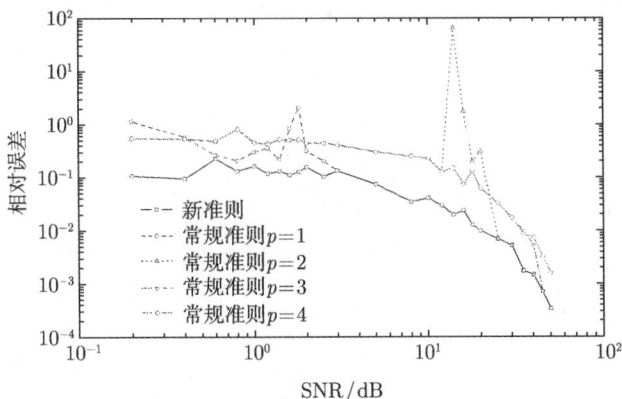

图 6-5　新准则及常规准则计算结果的时域相对误差

由图 6-5 又可知，新准则计算结果的相对误差小于或者近似等于常规准则的误差，说明新准则在预测准确度上整体优于常规准则，其原因主要是新准则计算的 M 值准确度要高于常规准则，如图 6-6 所示。新准则计算的指数阻尼正弦数 M_0 始

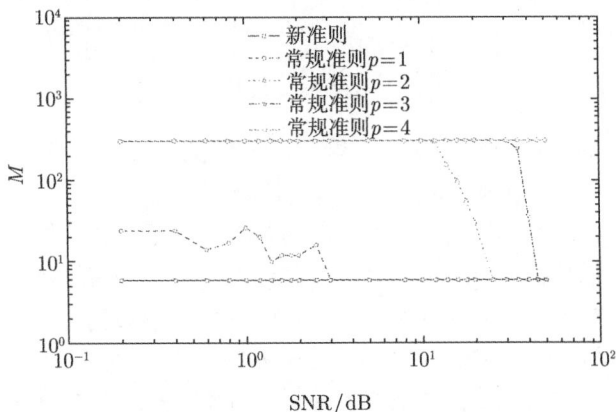

图 6-6　新准则和常规准则计算的指数阻尼正弦数

终等于理论值 6。然而，常规准则算得的大多数 M_i $(i \geqslant 1)$ 大于 6，且只有在较高 SNR 时才等于 6，这也是图 6-5 中新准则和常规准则的相对误差在高 SNR 时相同的原因。

图 6-7 给出了采用新准则和常规准则时 RRHA 运算中的迭代次数。需要说明的是，HMP 方法的计算时间主要为 RRHA 中的迭代运算。比较图 6-7 和图 6-5 可知，当常规准则中的 $p = 1$、2、3 和 4 且高 SNR 时，采用新准则的迭代次数和相对误差均不大于常规准则。同时，当常规准则中的 $p = 2$、3 和 4 且低 SNR 时，尽管新准则的迭代次数大于常规准则，但其相对误差低于常规准则，说明在相同计算准确度条件下，新准则比常规准则的计算效率更高。

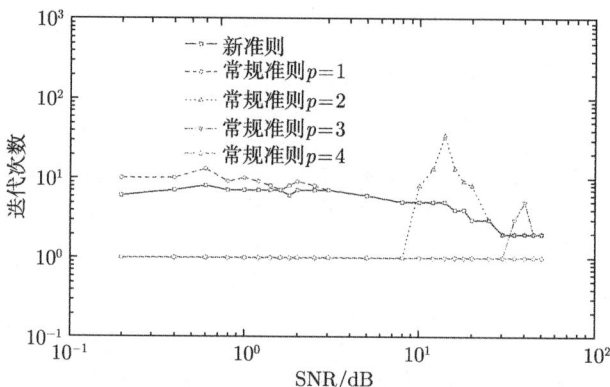

图 6-7 采用新准则和常规准则时 RRHA 运算中的迭代次数

综上分析可知，本节所提出的计算指数阻尼正弦数的新准则比常规准则有更高的计算效率和准确度。并且，在常规准则中需要根据具体信号的 SNR 确定 p 值，才能进行准确预测。但新准则无须考虑信噪比因素，经过新准则的良好去噪，预测信号与原无噪信号 $\mathrm{Re}\,[s_1(nT_\mathrm{s})]$ 具有较好的一致性，使用更方便。

6.2.2 新准则在混响室 FDTD 快速仿真中的应用

分别按新准则、常规准则 ($p = 1$、2、3 和 4) 的 Hankel 矩阵束方法对混响室时域响应进行预测。以混响室的前 12000 步时域响应作为输入拟合响应表达式，而后以该表达式预测时域响应直至 25000 时间步，此时响应达到稳态。选择前 12000 时间步作为输入的原因是此时 HMP+FDTD 对混响室仿真的准确度和效率并举。图 6-8 给出了搅拌器处于初始位置时测试区域某点处 z 方向电场分量的原时域响应 (FDTD 仿真得到) 和预测响应。其中，图 6-8(a) 为 y 轴为线性坐标。为更清楚比较原时域响应和预测响应之间的相对误差，对图 6-8(a) 中信号幅度求绝对值并转换为对数坐标形式，如图 6-8(b) 所示。

根据式 (4-62) 计算频域的平均场强 $\overline{E}$，并将实测、仿真和预测的 $\overline{E}$ 进行比较，如图 6-9 所示。表 6-3 比较了搅拌器步进一周后，80~300MHz 频段内新准则、常规准则分别预测信号的平均相对误差、电场强度和预测时间。

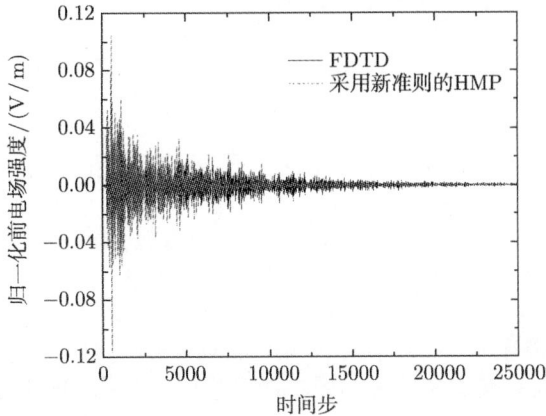

(a) y 轴为线性坐标

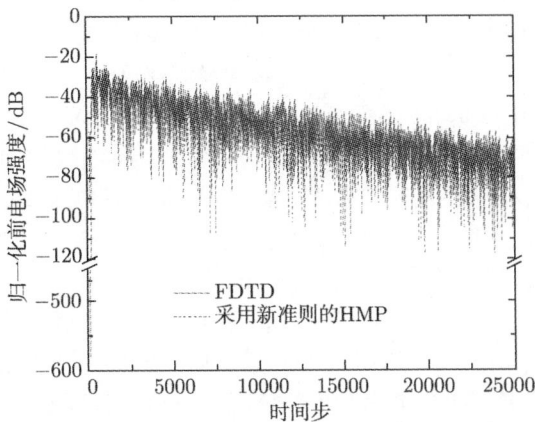

(b) y 轴为对数坐标

图 6-8　混响室某测试点处 z 方向电场分量的原时域响应和预测响应

表 6-3　80~300MHz 频段内预测的平均相对误差、电场强度和预测时间

平均值	FDTD	新准则	常规准则			
			$p=1$	$p=2$	$p=3$	$p=4$
频域相对误差	—	0.29	0.51	0.29	0.29	0.29
电场强度/(V/m)	16.11	14.77	11.96	14.72	14.76	14.76
计算时间/min	120	3.32	138.54	11.45	3.20	3.37

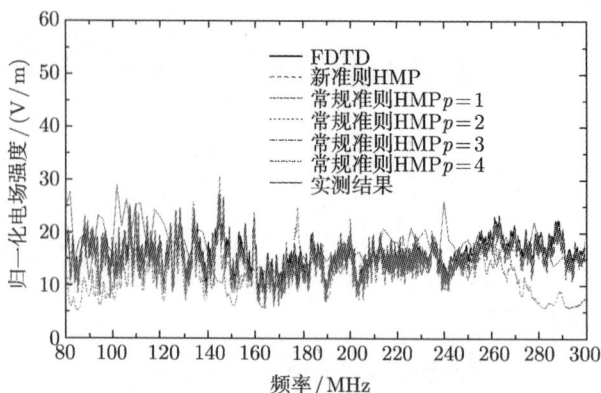

图 6-9　实测、仿真和预测的平均电场强度

比较图 6-8 和图 6-9 可知，FDTD 算法仿真的电场时域、频域结果与采用新准则的 HMP 方法预测结果比较一致，说明了新准则可以成功地用于混响室仿真。此外，由于预测中不可避免地丢失原信号中的少量信息，因此预测的电场强度略低于 FDTD 计算的场强，两者在 80~300MHz 频段内的平均电场强度大约相差 1.34V/m，相对误差不足 10%，如表 6-3 中第二行所示。相似地，由于原信号中含有噪声，而预测信号已进行了去噪处理，二者的平均相对误差略微偏大，约为 0.29，如表 6-3 中第一行所示。

由图 6-9 和表 6-3 可知，当常规准则中 $p=3$ 和 4 时，其预测信号的准确度和时间与新准则很接近。而当 $p=2$ 时，常规准则的平均计算时间大约是新准则的 4 倍，且二者的平均相对误差非常接近。当 $p=1$ 时，常规准则的平均计算时间和相对误差都非常大，导致其预测的平均电场强度与 FDTD 仿真的电场值也相差较大。综上分析可知，当常规准则用于本书的混响室时域响应预测时，其 p 值应不小于 3。但由于其他混响室响应中数值误差和噪声未知，p 的取值需要进行多次尝试才可确定，且过程非常烦琐。相比之下，新准则由于不必考虑 SNR 的影响，其使用非常方便，且具备较好的计算效率和准确度，非常适于混响室时域响应的预测。

如表 6-3 中第三行所示，采用新准则的 HMP 方法预测某一测试点的时域响应，计算时间约为 3.32min (Pentium IV, 3.0GHz)。对于某一固定搅拌器位置时的混响室快速计算模型，采用 FDTD 算法仿真需要约 120min，而采用 FDTD 与含有新准则的 HMP 相结合的方法约需要 60.92min，相比完全的 FDTD 算法减少时间约 49%，提高了混响室的仿真效率。

6.3　加速矩阵束方法及其混响室仿真应用

本节采用计算指数阻尼正弦数的新准则，并通过减少 RRHA 运算后的一次减秩运算, 给出一种加速的 Hankel 矩阵束 (简称 AHMP) 方法。

6.3.1 减秩加速的矩阵束方法

减秩加速的矩阵束方法具体算法实现如下:

(1) 计算 $J(\boldsymbol{Y})$, 并令 $\hat{\boldsymbol{Y}} = J(\boldsymbol{Y})$;

(2) 计算 $\mathcal{L}(\hat{\boldsymbol{Y}})$, 并令 $\tilde{\boldsymbol{Y}} = \mathcal{L}(\hat{\boldsymbol{Y}})$;

(3) 通过移除 $\tilde{\boldsymbol{Y}}$ 的最后一列和第一列, 构造 $\tilde{\boldsymbol{Y}}_1$ 和 $\tilde{\boldsymbol{Y}}_2$;

(4) 计算 $(\tilde{\boldsymbol{Y}}_1)^+ \tilde{\boldsymbol{Y}}_2$ 的 M 个非零特征值;

(5) 计算 R_i。

通过对 $\hat{\boldsymbol{Y}}$ 进行减秩运算, AHMP 方法比 HMP 方法减少了一次减秩运算, 节约了计算时间。此外, 根据式 (6-24) ~ 式 (6-30) 可知, 矩阵 $\tilde{\boldsymbol{Y}}$、$\tilde{\boldsymbol{Y}}_1$ 和 $\tilde{\boldsymbol{Y}}_2$ 同时具备秩亏和 Hankel 特性, 从而确保了预测精度。

为验证 AHMP 方法的正确性, 构建式 (6-34) 所示的随机信号 $y_1(nT_\mathrm{s})$, SNR 为 0.6dB, 其他参数与 6.2.1 节中 $y_1(nT_\mathrm{s})$ 参数设置相同。将 $y_1(nT_\mathrm{s})(n = 1, 2, \cdots, k)$ 作为 AHMP 及 HMP 的输入, 用以拟合 $y_1(nT_\mathrm{s})$ 表达式, 并以此表达式预测 $y_1(nT_\mathrm{s})$ $(n = k+1, k+2, \cdots, 2000)$。根据式 (6-35) 计算时域、频域的拟合信号与原信号的相对误差。

$$\eta_1 = \frac{\|y_1(nT_\mathrm{s}) - y_2(nT_\mathrm{s})\|_2}{\|y_1(nT_\mathrm{s})\|_2}, \quad \eta_2 = \frac{\|y_1(nT_\mathrm{s}) - y_3(nT_\mathrm{s})\|_2}{\|y_1(nT_\mathrm{s})\|_2}$$
$$\eta_3 = \frac{\|Y_1(\mathrm{j}\omega) - Y_2(\mathrm{j}\omega)\|_2}{\|Y_1(\mathrm{j}\omega)\|_2}, \quad \eta_4 = \frac{\|Y_1(\mathrm{j}\omega) - Y_3(\mathrm{j}\omega)\|_2}{\|Y_1(\mathrm{j}\omega)\|_2} \tag{6-36}$$

式中, $y_2(nT_\mathrm{s})$、$y_3(nT_\mathrm{s})$ 分别表示通过 HMP 和 AHMP 方法拟合的信号; $Y_1(\mathrm{j}\omega)$、$Y_2(\mathrm{j}\omega)$ 和 $Y_3(\mathrm{j}\omega)$ 为信号 $y_1(nT_\mathrm{s})$、$y_2(nT_\mathrm{s})$ 和 $y_3(nT_\mathrm{s})$ 的傅里叶变换, 频段为 100~200MHz。

图 6-10 给出了 η_1、η_2、η_3 和 η_4 随参数 k 的变化。由图可知, η_1 与 η_2 近似相等, 且 η_3 与 η_4 也近似相等, 说明 HMP 和 AHMP 两者的计算精度非常接近。随着参数 k 的增大, 相对误差逐渐减小。此外, 由于频段的有限性 (100~200MHz), η_3 和 η_4 小于 η_1 和 η_2。

定义 HMP 和 AHMP 两者的预测时间分别为 t_1 和 t_2。图 6-11 给出了 t_1 和 t_2 随参数 k 的变化。随着 k 的增加, t_1 和 t_2 两者相差越来越大 (t_2 始终小于 t_1), 说明 AHMP 方法比 HMP 方法计算效率高, 且这种优势随着 k 的增加越来越显著。由于 $y_1(nT_\mathrm{s})(n = 1, 2, \cdots, k)$ 为矩阵 $\boldsymbol{Y}$ 中的元素, 参数 k 等于 $N(\boldsymbol{Y}$ 中元素个数)。因此, AHMP 方法节约的时间与 $\boldsymbol{Y}$ 中的元素数量成正比。

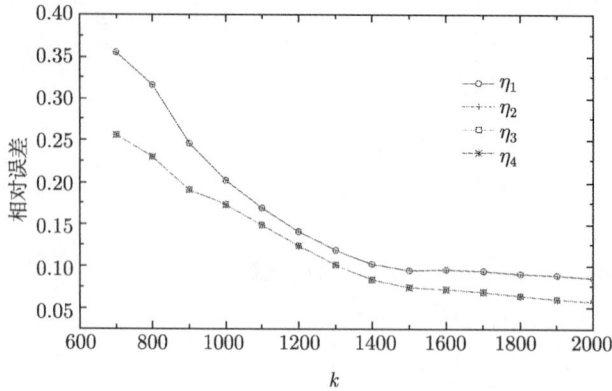

图 6-10　拟合信号与 $y_1(nT_s)$ 的相对误差随参数 k 的变化

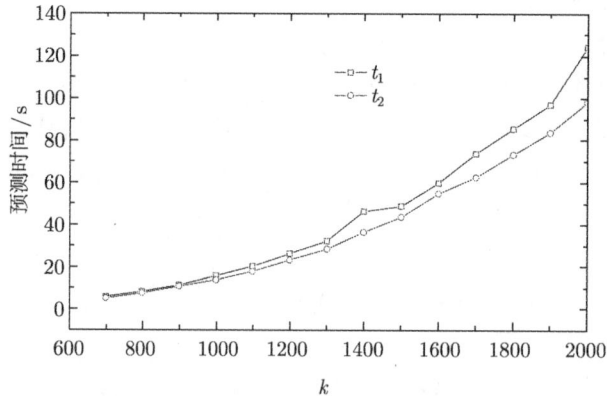

图 6-11　预测时间随参数 k 的变化

综上分析可知,与 HMP 方法相比,本节给出的 AHMP 方法在保证计算精度的前提下,减少了计算时间。

6.3.2　减秩加速矩阵束方法的混响室仿真应用

将 AHMP 方法应用于混响室仿真,混响室的前期时域响应被记录用于预测后期响应。如果记录的前期时间步太少,则后期响应的预测准确度会很差甚至出现发散现象。随着记录的前期时间步增多,预测的后期时域响应将会越来越精确,不过随之带来的是计算时间的增加。一般而言,当时域响应的幅度下降到其最大值的十分之一时,时间步约为整个时间步的一半,若以当前时间步为界点对后期进行预测,结果具有较高的精度,且计算时间也可有效减少。下面以混响室的时域信号进行说明。

定义混响室内某测试点的电场时域响应为 $e(nT_s)$。$e(nT_s)$ $(n = 1, 2, \cdots, k)$ 作

为 AHMP 和 HMP 方法的输入，而 $e(nT_s)$ $(n = k+1,\, k+2, \cdots, 25000)$ 将被预测。根据式 (6-35)，有

$$
\eta_5 = \left\langle \frac{\|e(nT_s) - e_1(nT_s)\|_2}{\|e(nT_s)\|_2} \right\rangle, \quad \eta_6 = \left\langle \frac{\|e(nT_s) - e_2(nT_s)\|_2}{\|e(nT_s)\|_2} \right\rangle
$$

$$
\eta_7 = \left\langle \frac{\|E(\mathrm{j}\omega) - E_1(\mathrm{j}\omega)\|_2}{\|E(\mathrm{j}\omega)\|_2} \right\rangle, \quad \eta_8 = \left\langle \frac{\|E(\mathrm{j}\omega) - E_2(\mathrm{j}\omega)\|_2}{\|E(\mathrm{j}\omega)\|_2} \right\rangle
\tag{6-37}
$$

式中，$\langle\ \rangle$ 表示对搅拌器旋转一周的平均；$e_1(nT_s)$、$e_2(nT_s)$ 分别为采用 HMP 和 AHMP 方法对原信号 $e(nT_s)$ 的预测信号；$E(\mathrm{j}\omega)$、$E_1(\mathrm{j}\omega)$ 和 $E_2(\mathrm{j}\omega)$ 分别为 $e(nT_s)$、$e_1(nT_s)$ 和 $e_2(nT_s)$ 的傅里叶变换，频段为 80~300MHz。

图 6-12 给出了平均相对误差 η_5、η_6、η_7 和 η_8，以及 AHMP 的预测时间 t_3 随参数 k 的变化。随着 k 的增加，η_5、η_6、η_7 和 η_8 逐渐减小，而 t_3 逐渐增大。平均相对误差和预测时间的相交点约在时间步 12000 处，大约为整个时间步的一半。此时，预测具有较高的准确度，且计算时间也可有效减少。因此，本书选择参数 k 为 12000。混响室的前 12000 个 FDTD 时间步响应被记录，并采用 HMP 和 AHMP 方法预测后期的 13000 个时间步响应。

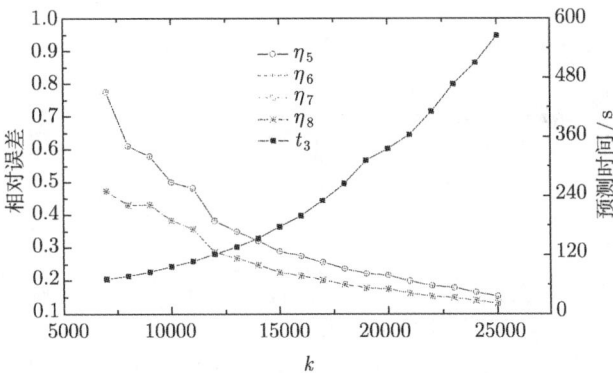

图 6-12 平均相对误差和平均预测时间随参数 k 的变化

当搅拌器处于某一步进位置时，FDTD 算法、FDTD + HMP 以及 FDTD + AHMP 分别计算的某测试点处时域响应如图 6-13 所示。由图可知，FDTD+HMP 和 FDTD+AHMP 方法较好地预测了混响室场强的后期时域响应，二者有非常好的一致性。同时，图 6-12 中 η_5 与 η_6 以及 η_7 与 η_8 近似相等的现象同样说明了 HMP 和 AHMP 两者计算精度的一致性。

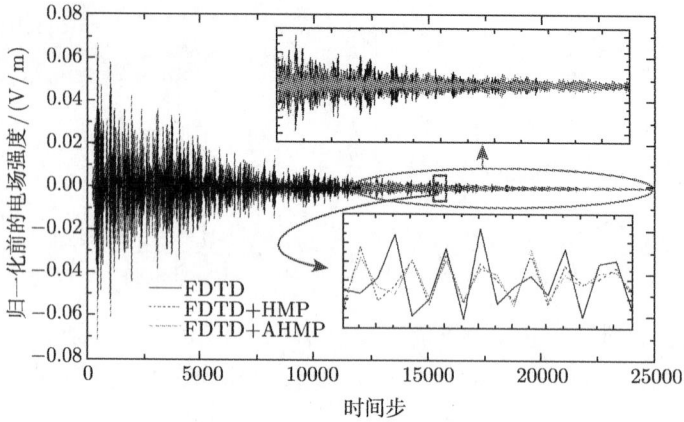

图 6-13　电场强度 z 分量的时域响应

图 6-14 给出了实测、仿真和预测频域平均场强 $\overline{E}$。由图 6-14 可知，FDTD 算法、FDTD+HMP 以及 FDTD+AHMP 仿真得到的频域电场强度非常一致，说明 AHMP 方法可成功地用于混响室仿真。

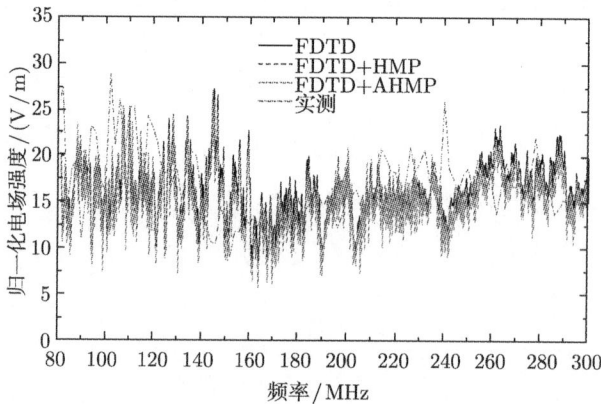

图 6-14　实测与仿真计算的平均电场强度

由 6.2.2 节内容可知，采用新准则的 HMP 方法预测混响室内电场时域响应的平均计算时间约为 3.32min (Pentium IV, 3.0GHz)。与 HMP 方法相比，AHMP 方法在 RRHA 运算后减少了一次减秩运算，其预测的平均时间约为 2min，比 HMP 方法减少时间约 40%。对于某一固定搅拌器位置时的混响室快速计算模型，采用 FDTD 算法仿真需要约 120min，则采用 FDTD+AHMP 方法需要约 59.6min，相比完全的 FDTD 算法减少时间约 50%。

尽管对于单个场分量仿真，FDTD+AHMP 方法仅比 FDTD+HMP 方法节约

1.32min，但当计算多个场分量时，FDTD+AHMP 方法将会大幅减少计算时间。尤其对于混响室仿真，需要考察多个对应不同搅拌器位置的混响室模型，且每个模型至少取一个测试点。例如，考察混响室统计均匀特性时，步进 50 个搅拌器位置即 50 个混响室模型，每个模型取 3 个场分量，则采用 FDTD+AHMP 方法比 FDTD+HMP 方法节省时间 3.3h，比完全的 FDTD 算法节约 151h，说明 AHMP 方法可有效加速混响室快速计算模型的仿真。

第 7 章　混响室的优化设计

混响室工作区域场均匀性、归一化场强是评价混响室性能的两项重要参数。测试区域场均匀性越高，被试设备电磁环境效应测试误差越小；归一化场强越高，激发相同环境场强所需的输入功率越低，有利于降低混响室建设成本或以确定的建造成本营造更强的电磁环境，满足装备电磁环境效应试验急需大型的高场强、均匀场试验空间的技术需求。因此，研究混响室场性能优化设计技术，具有重要的理论意义和工程应用价值。

7.1　混响室关键参数对场性能的影响

混响室的品质因数是衡量混响室环境模拟能效的重要指标，对其归一化场强有重要影响；而搅拌器的大小、形状、搅拌方式直接决定电磁场的边界条件，对场均匀性有直接影响；发射天线作为电磁能量的馈源，决定了电磁场的初始极化分布，必然对场均匀性带来一定的影响。同时，归一化场强与场均匀性相互交织，某一因素变化既会影响归一化场强，也会影响场均匀性，只是程度有所不同、各有侧重。本节重点介绍品质因数、搅拌器和发射天线对混响室场性能的影响。

受篇幅限制，为避免重复，本章只给出相关研究结果，方法不再赘述。

7.1.1　品质因数对场性能的影响

1) 品质因数对归一化场强的影响

对比不同 Q 值下的混响室的归一化最大场强 $|\hat{E}|$，如图 7-1 所示 ($Q/2$ 代表品质因数降低为原来的 50%)，$|\hat{E}|$ 随着 Q 值的减小而显著下降，这是因为 Q 值减小对应着混响室损耗的增加。同理，归一化平均场强 $|\tilde{E}|$ 表现出类似的规律。进一步，考察归一化平均场强 $|\tilde{E}|$ 随 Q 值减小而降低的比例，当 Q 值缩小到原来的 $1/k$ 时，记 $|\tilde{E}|$ 降低为原来的 $1/R_k$，考察宽频带内的 R_k 的变化规律如图 7-2 所示。由式 (1-11) 知，混响室的 Q 值与归一化电场强度度均值的平方成正比，当 Q 值缩小到原来的 $1/k$ 时，$|\tilde{E}|$ 大约应变为原来的 $1/\sqrt{k}$，即混响室的 Q 值降低 50%时归一化电场强度度均值降低为原来的 70.7%，故图 7-2 所中的 R_k 集中出现在 0.707 附近。出现波动的原因主要是：$|\tilde{E}|$ 只是对 $\langle |E| \rangle$ 的一定近似，而事实上二者在不同频率下的近似效果存在差异。

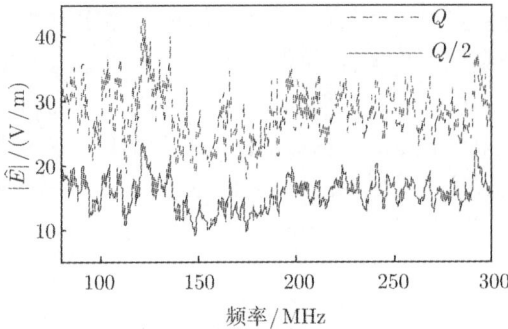

图 7-1 混响室品质因数对归一化场强的影响

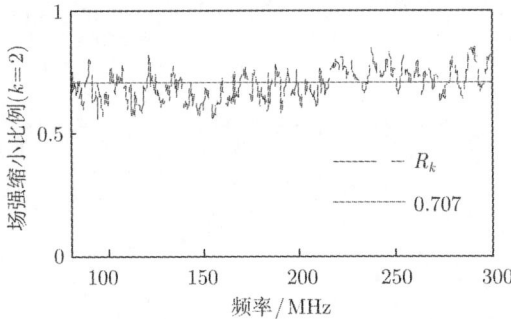

图 7-2 品质因数降低 50%时归一化场强缩小的比例

2) 品质因数对场均匀性的影响

为考察混响室品质因数对场均匀性的影响情况，对各个频点，取

$$\sigma_{\max} = \max\{\sigma_x, \sigma_y, \sigma_z, \sigma_{24}\}(\text{dB}) \tag{7-1}$$

将混响室在实际损耗下的 $\sigma_{\max}$ 与在后处理损耗中依次降低混响室 Q 值为原来的 1/2 和 1/4 得到相应的 $\sigma_{\max}$ 对比，结果如图 7-3 所示。其中 (a) 上方实线代表标准规定的满足场均匀性的场强标准偏差上限 (即大于该值后就认为不满足场均匀性)。对比品质因数缩小前后的数据不难发现，低频段场强标准偏差随着品质因数的减小而降低，而高频段场强标准偏差随着品质因数的减小而增大。当品质因数缩小到原来的 1/4 时，部分高频频点场强标准偏差甚至超出了标准规定的上限。在实测中，考虑混响室高频加载对场均匀性的影响可以得到类似的结论，即高频场均匀性随着混响室损耗增大而出现一定程度的恶化，所以对混响室进行高频加载时应注意保证满足场均匀性。理论上，从混响室的本质特点似乎可以解释该现象，即混响室本身属于高品质因数的谐振腔，如果人为降低它的品质因数 (或在实测中过于增大损耗)，就在一定程度上削弱了内部电磁场的多次反射和叠加的作用，进而使得场均匀性出现恶化。值得注意的是，实际混响室与理想的无损耗混响室是不

同的。对于无损混响室来说，适当增大损耗，会增大品质因数带宽 $\Delta f = f_c/Q$，并在一定程度上改善低频场的均匀性。而实际混响室已经包含一定的损耗，继续增大损耗则容易导致场均匀性的恶化。即品质因数对场均匀性的影响具有双重作用，当混响室的品质因数很高时，适当降低品质因数导致品质因数带宽和谐振模式增加，有利于提高场均匀性，尤其是低频场均匀性；但在高频段，谐振模式已足够多，降低品质因数导致电磁波反射不足，场均匀性反而下降。

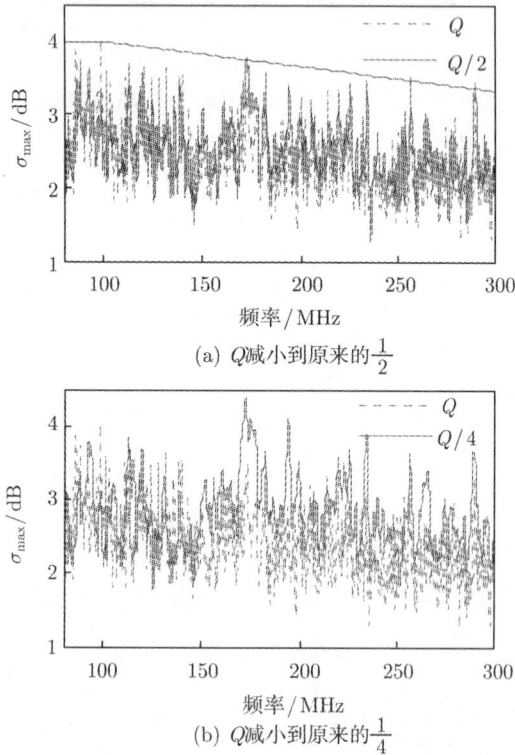

(a) Q减小到原来的 $\frac{1}{2}$

(b) Q减小到原来的 $\frac{1}{4}$

图 7-3　Q 值大小与场均匀性的关系

7.1.2　搅拌器对场性能的影响

在机械搅拌混响室的设计中，搅拌器无疑是影响混响室性能的关键部件之一。为研究搅拌器的结构尺寸、数量、位置等参数对混响室场性能的影响，本节考察了 3 种不同结构尺寸的搅拌器 (搅拌器 1、搅拌器 2、搅拌器 3)。

搅拌器 1 由 4 片桨叶组成，互相垂直，呈十字形，每片桨叶的尺寸是 0.8m×3.2m，如图 7-4 所示。搅拌器 2 由三部分组成，如图 7-5 所示，其上部由 4 片桨叶组成，每片桨叶的尺寸是 0.64m×1.16m，垂直放置，桨叶间的夹角如图 7-6 所示；下部同样由 4 片桨叶组成，每片桨叶的尺寸与搅拌器上部的桨叶尺寸相同，即 0.64m×1.16m，横向放置,桨叶间夹角及其与搅拌器的轴向夹角关系如图 7-7 所示;中间部分由两个相同的小部分组成,每个小部分由两片桨叶组成,每片桨叶的尺寸为 0.7m×1.2m,两片桨叶间的夹角为 60°,两小部分间的相对位置及与搅拌器的轴向夹角关系如图 7-8 所示。搅拌器 3 在混响室中横向放置,它由 5 个叶片组成,呈 V 折形,相邻两片叶片的夹角为 73.7°,每个叶片的尺寸为 1.6m×2m,搅拌器总长为 6m,如图 7-9 所示。

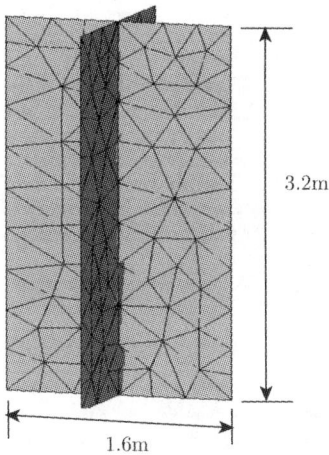

图 7-4 搅拌器 1

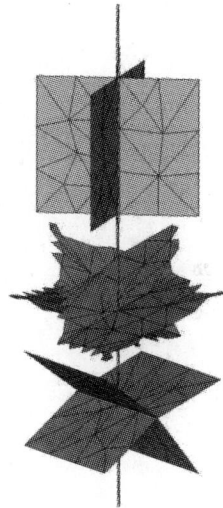

图 7-5 搅拌器 2

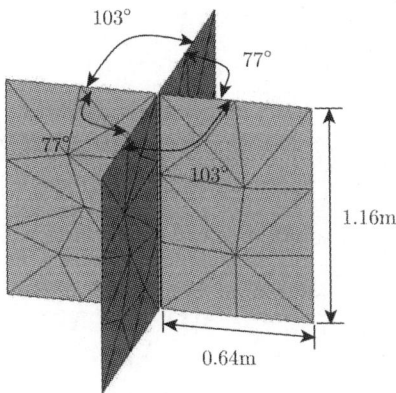

图 7-6 搅拌器 2 上部

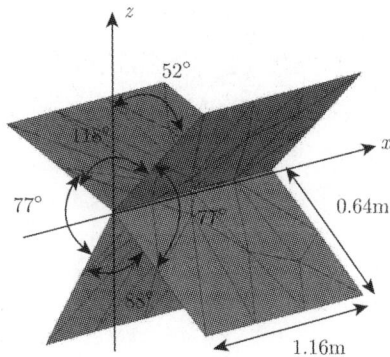

图 7-7 搅拌器 2 下部

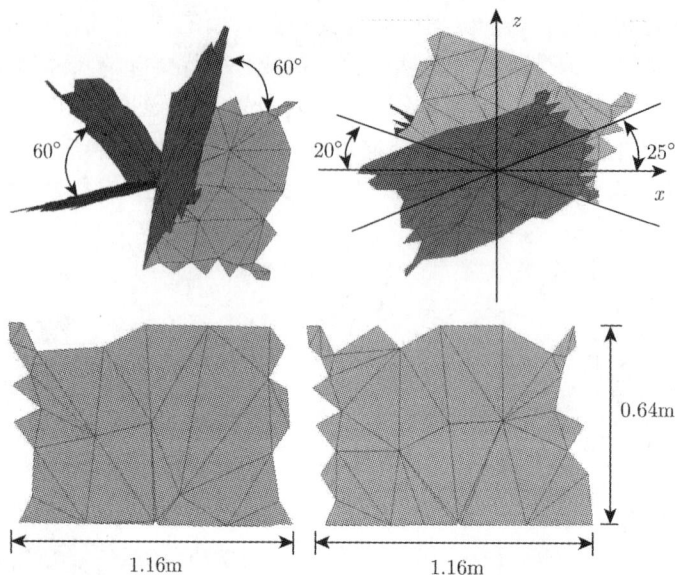

图 7-8　搅拌器 2 中间部分

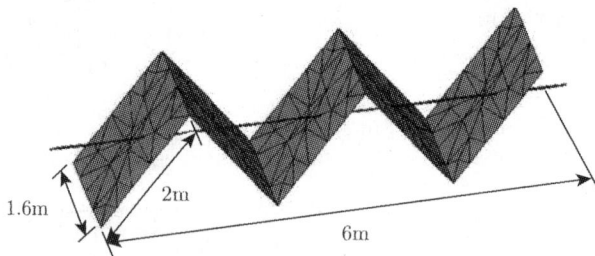

图 7-9　搅拌器 3

1) 搅拌器位置对场均匀性能的影响

工作频率为 100MHz 时, 使用搅拌器 1, 并将其分别置于混响室的不同位置上 (A 点和 B 点), 如图 7-10 所示, 考察搅拌器位置对混响室场均匀性的影响。

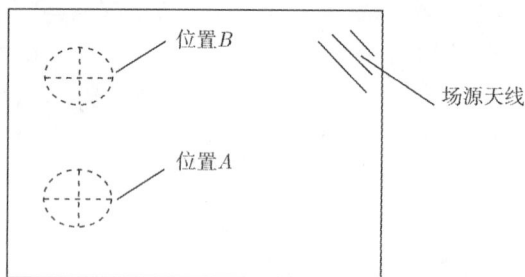

图 7-10　搅拌器位置设置

表 7-1 是不同搅拌器位置时混响室内场强标准偏差的比较。从表中数据结果可以看出，搅拌器放置在位置 B 时的总场强标准偏差要小于搅拌器在位置 A 时的总场强标准偏差，而 z 轴方向场分量的标准偏差反而较大。因此，搅拌器位置对混响室的场均匀性具有一定的影响，在利用混响室进行电磁环境效应测试时，为获得较优的测试环境，应当考虑搅拌器的位置，尤其是搅拌器与发射天线的相对位置。

表 7-1 搅拌器位置对场均匀性的影响

搅拌器位置	σ_x/dB	σ_y/dB	σ_z/dB	σ_{24}/dB
位置 A	2.63	3.20	3.26	3.66
位置 B	1.53	2.57	3.91	3.12

2) 搅拌器的形状和数量对场性能的影响

使用搅拌器 1、搅拌器 2 和搅拌器 3，分别在混响室工作频率为 80MHz、100MHz 和 150MHz 下比较未使用搅拌器、单独使用搅拌器 1、单独使用搅拌器 2 以及搅拌器 2 配合使用搅拌器 3(图 7-11) 等 4 种情况下混响室内的场均匀性能，其中搅拌器 2 的结构要比搅拌器 1 的结构复杂。

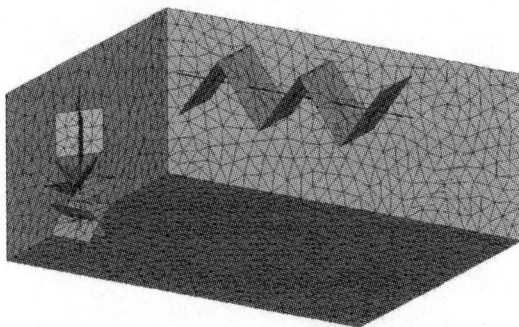

图 7-11 混响室中搅拌器的位置

表 7-2 给出了工作频率分别为 80MHz、100MHz 和 150MHz 时搅拌器配置对混响室最大场强标准差的影响仿真数据。由此可见：未使用搅拌器时，混响室内的场均匀性很差，达不到 IEC61000-4-21 标准的要求；使用搅拌器后，混响室的场均匀性显著改善，同时，随着工作频率的升高，场强标准差在减小，混响室的场均匀性也随之有一定改善。

另外，从表 7-2 还可以看出，混响室工作于频率 100MHz 和 150MHz 时，使用搅拌器 2 的效果要优于使用搅拌器 1 的效果，而使用双搅拌器 (搅拌器 2 和搅拌器 3) 时，场强标准差更小，混响室的场均匀性最好。但是，混响室工作于频率 80MHz 时，使用搅拌器 2 的场强 x 分量标准差大于使用搅拌器 1，场强标准差不能满足标准 IEC61000-4-21 的要求，且总体场均匀性也较差。由此可见，混响室工作于低频段时，搅拌器小尺寸的形状变化难以改善场均匀性，搅拌器形状改变的线度应与工作频率对应的波长相比拟。合理地设计搅拌器的形状、尺寸或增加搅拌器的数量能有效改善混响室的场均匀性。从工作程序控制的简便性出发，搅拌器的数量不宜大于 3 个。

表 7-2　搅拌器配置对场均匀性的影响

搅拌器配置	工作频率/MHz	σ_x/dB	σ_y/dB	σ_z/dB	σ_{24}/dB
无	80	7.73	8.00	8.95	6.50
	100	5.09	3.89	5.42	5.85
	150	4.96	3.64	3.73	4.50
搅拌器 1	80	3.83	3.15	3.16	3.36
	100	2.63	3.20	3.26	3.66
	150	2.78	3.35	3.25	3.54
搅拌器 2	80	4.61	2.89	3.26	3.52
	100	1.79	3.14	2.17	2.98
	150	1.94	2.89	2.68	2.88
搅拌器 2、3	80	2.85	2.95	3.62	3.15
	100	2.26	1.93	2.01	2.77
	150	1.41	2.52	2.02	2.24

7.1.3　发射天线对场性能的影响

混响室测试系统中，发射天线通过大功率射频放大器的激励，可以辐射出大功率电磁波，是电磁环境的激励源，发射天线的配置对混响室的性能具有重要的影响。

1) 双发射天线对场性能的影响

在 80MHz 及 120MHz 两个频率点上，通过将单发射天线激励时的场性能与两个不同位置的双发射天线的场性能进行比较，研究双发射天线对混响室场性能的改善作用。

采用 FEKO 建立单天线激励的 10.5m(长)×8m(宽)×4.3m(高) 的混响室模型，如图 7-12 所示。为便于建模，此时混响室模型中天线无损耗，因此归一化场强数值较大，但并不影响场均匀性的分析。为了不减小混响室的工作区域，双天线放置位置如图 7-13 所示，其中在模型 1 中双天线在同一高度沿混响室对角放置，在模型 2 中双天线沿混响室宽度方向放置，工作区域与单天线激励时相同。

图 7-14 和图 7-15 分别为混响室工作频率在 80MHz 和 120MHz 下，搅拌器在起始位置 (旋转 0°) 时，单天线、双天线模型 1、双天线模型 2 激励时的工作区域电场分布。

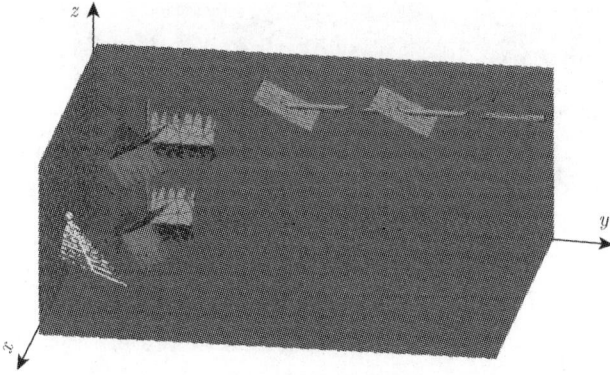

图 7-12 单天线激励混响室内部结构

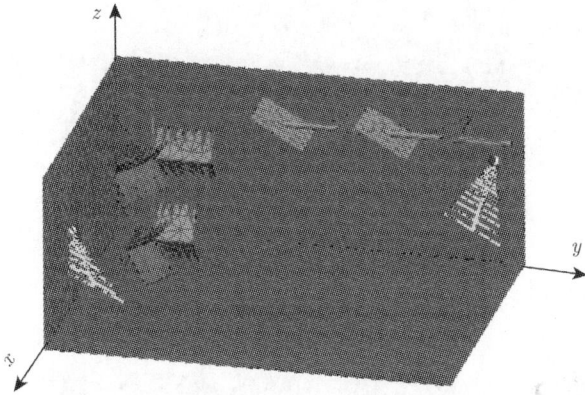

(a) 模型1

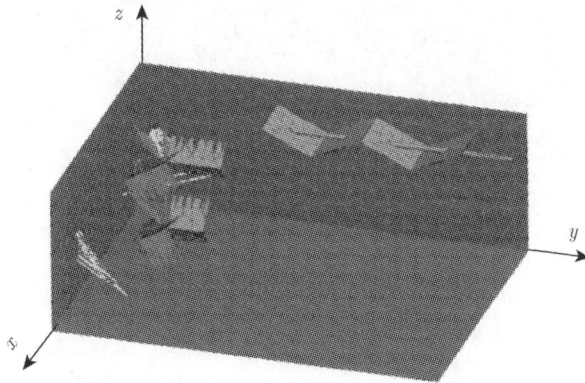

(b) 模型2

图 7-13 双天线激励混响室内部结构

(a) 单天线发射

(b) 双天线按模型1布置

(c) 双天线按模型2布置

图 7-14　工作频率为 80MHz 时混响室测试区域初始场分布

(a) 单天线发射

(b) 双天线按模型1布置

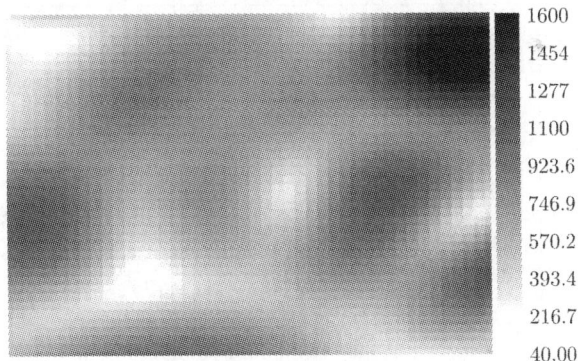

(c) 双天线按模型2布置

图 7-15   工作频率为 120MHz 时混响室测试区域初始场分布

将图 7-14(a) 与 (b)、(c)，图 7-15(a) 与 (b)、(c) 比较可知：采用双天线后，由于两列电磁波的叠加，场分布发生了较大改变，均匀性有所提高；将图 7-14(b) 与图 7-14(c) 比较，图 7-15(b) 与图 7-15(c) 比较可知，双天线分别在混响室对角线位置放置、沿混响室宽度方向放置时，两者场分布也不相同，但其变化量不及天线数量的改变造成的场分布变化大，这说明天线数量及位置的改变均影响场分布，但相对于天线位置的改变，混响室场分布受天线数量的改变影响更大。

表 7-3、表 7-4 分别是混响室工作于频率 80MHz 和 120MHz 时，采用单天线模型、双天线模型 1 及双天线模型 2 作为辐射激励时混响室测试区域 8 个顶点位置的归一化电场强度最大值。

表 7-3　混响室工作于 80MHz 时测试区域 8 个顶点位置的归一化电场强度最大值

(场强单位：V/m)

频率/MHz	模型	顶点 E	1	2	3	4	5	6	7	8
80	单天线	E_{xk}	265.5	138.7	231.8	166.8	293.9	174.2	266.3	154.9
		E_{yk}	131.2	101.1	167.8	92.8	66.6	97.3	63.3	58.6
		E_{zk}	53.7	79.3	161.1	179.5	94.9	78.1	127.8	73.9
	双天线 模型1	E_{xk}	262.5	135.5	192.9	114.8	247.5	137.4	157.0	93.6
		E_{yk}	68.3	132.0	136.8	94.4	155.7	51.8	70.7	147.8
		E_{zk}	62.1	60.2	156.4	107.9	99.5	151.0	84.0	128.5
	双天线 模型2	E_{xk}	250.3	144.3	216.7	96.6	243.6	154.3	179.8	133.7
		E_{yk}	68.1	90.7	101.1	82.0	107.1	55.1	39.4	108.4
		E_{zk}	63.4	70.5	171.5	142.1	112.6	133.6	100.5	103.9

表 7-4　混响室工作于 120MHz 时测试区域 8 个顶点位置的归一化电场强度最大值

(场强单位：V/m)

频率/MHz	模型	顶点 E	1	2	3	4	5	6	7	8
120	单天线	E_{xk}	113.7	184.9	182.1	163.2	148.5	208.1	179.1	130.1
		E_{yk}	117.6	167.6	241.8	241.3	178.6	185.4	218.0	116.8
		E_{zk}	146.3	104.9	108.8	103.6	133.9	140.1	81.0	67.4
	双天线 模型1	E_{xk}	108.1	199.6	109.7	175.8	145.4	97.8	127.1	173.2
		E_{yk}	91.0	182.2	169.3	165.4	98.2	156.4	143.7	162.9
		E_{zk}	132.3	102.8	123.0	116.0	127.5	106.4	82.1	99.3
	双天线 模型2	E_{xk}	105.9	140.0	135.6	165.6	92.5	161.6	123.3	131.5
		E_{yk}	134.3	209.8	121.3	141.6	127.0	123.3	144.0	174.3
		E_{zk}	157.2	109.0	143.3	91.9	130.2	133.2	138.3	82.3

为便于观察发射天线对混响室场均匀性的影响规律，依据表 7-3 和表 7-4 的仿真数据，图 7-16 给出了单、双天线分别作为激励源时混响室测试区域 8 个顶点的归一化电场强度最大值变化趋势图，即 $E = \sqrt{E_{xk}^2 + E_{yk}^2 + E_{zk}^2}$ (E_{xk}、E_{yk}、E_{zk} 分别表示归一化电场强度正交直角分量的最大值)。

由表 7-3、表 7-4 和图 7-16 可知，在相同输入功率条件下，双天线激励时，混响室测试区域 8 个顶点的归一化电场强度要低于单天线激励的情况，其原因是由于双天线激励提高了电场分布的均匀性,使各顶点最大电场强度降低,而最小电场强度提高,8 个顶点的归一化电场强度降低是采用电场最大值表述造成的假象。除此之外,第二副天线的额外损耗也在一定程度上导致场强下降。另外,从图 7-16 可知,混响室采用单、双天线激励时各顶点归一化电场强度最大值的变化趋势类似,且混响室采用双天线激励时,工作区域各顶点归一化电场强度最大值曲线较单天线时平稳,这也说明采用双天线提高了混响室的场均匀性。

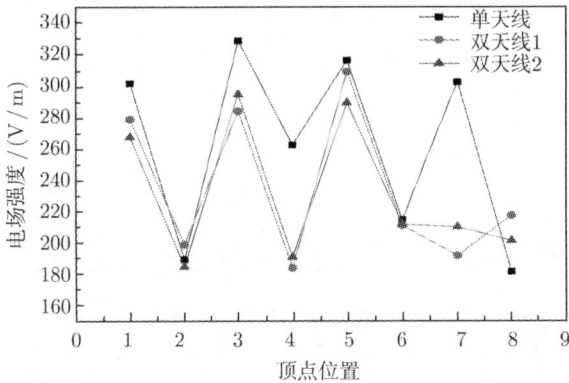

(a) 工作频率为80MHz

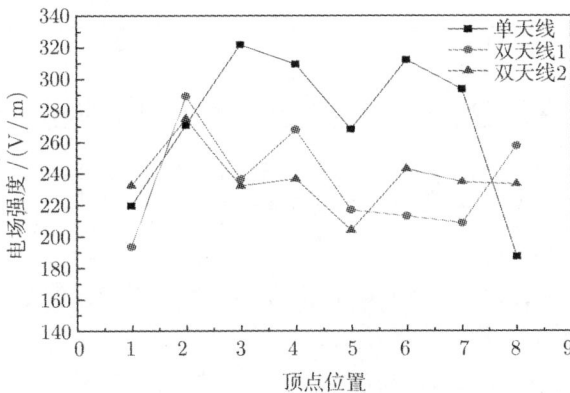

(b) 工作频率为120MHz

图 7-16 混响室测试区域 8 个顶点位置的归一化电场强度最大值

表 7-5 给出了混响室测试区域 8 个顶点归一化电场强度最大值的标准偏差。由此可知,混响室工作于 80MHz、120MHz,双辐射天线在位置 1、位置 2 激励时,混响室测试区域 8 个顶点归一化电场强度最大值的标准偏差整体小于单天线激励情况,这说明通过双发射天线激励电磁波的叠加改善了混响室测试区域的场均匀性。除此之外,在进行装备电磁环境效应测试时,常常需要产生高场强的电磁辐射场测

试环境, 如果混响室采用单天线激励, 为产生高强电磁辐射场测试环境就必须采用额定功率更高的功率放大器, 而大型功率放大器依靠功率合成原理研制, 单位功率的成本更高, 因此采用双天线激励混响室可以降低对功率放大器的要求, 降低环境构建成本。表 7-6 给出了单天线、双天线激励混响室时初始输入总功率为 100W 时激发的平均场强, 以及调整后工作频率 80MHz 时双天线共输入 120W、120MHz 时双天线共输入 130W 功率时激发的平均场强。

表 7-5　混响室测试区域归一化电场强度最大值的标准偏差

频率/MHz	天线个数	σ_x/dB	σ_y/dB	σ_z/dB	σ_{24}/dB
80	单天线	2.16	2.82	3.08	3.57
	双天线 1	2.71	2.79	2.60	3.08
	双天线 2	2.35	2.35	2.43	3.27
120	单天线	1.52	2.07	1.96	2.36
	双天线 1	2.03	1.80	1.22	1.94
	双天线 2	1.51	1.64	1.68	1.65

表 7-6　输入功率与场强对照表

频率/MHz	激励天线	初始 P_{total}/W	调整后 P_{total}/W	初始场强/(V/m)	调整后场强/(V/m)
80	单天线	100	100.00	138.29	138.29
	双天线 1	100	120.00	127.01	139.13
	双天线 2	100	120.00	123.71	135.52
120	单天线	100	100.00	152.61	152.61
	双天线 1	100	130.00	133.13	151.79
	双天线 2	100	130.00	134.05	152.84

由表 7-6 可知, 在 80MHz 时, 当双天线共输入 120W 功率, 即每个天线输入 60W 功率时激发的平均场强 $\langle \overline{E} \rangle_{24}$ 与单天线输入 100W 时激发的平均场强接近; 在 120MHz 时, 当双天线共输入 130W 功率, 即每个天线输入 65W 功率时激发的平均场强 $\langle \overline{E} \rangle_{24}$ 与单天线输入 100W 时激发的平均场强接近, 从而降低了单个功率放大器的要求, 减小了混响室的测试成本, 场均匀性也得到了提高。

2) 三副发射天线对场均匀性的影响

在 80MHz 及 120MHz 两个频率点上, 将三副天线激励混响室时的场均匀性与单发射天线、双发射天线激励混响室时的场性能进行比较, 研究三副发射天线对混响室场均匀性的改善作用。

三副天线激励混响室的模型如图 7-17 所示, 三副天线的位置与双天线激励时模型 1、模型 2 的天线位置相同。

表 7-7、表 7-8 分别给出了混响室工作于 80MHz 和 120MHz 时, 三副天线激励混响室情况下, 测试区域 8 个顶点位置归一化电场强度最大值及其标准偏差。

图 7-18 为三副天线激励时,混响室测试区域 8 个顶点位置归一化电场强度最大值与单天线、双天线模型的比较。

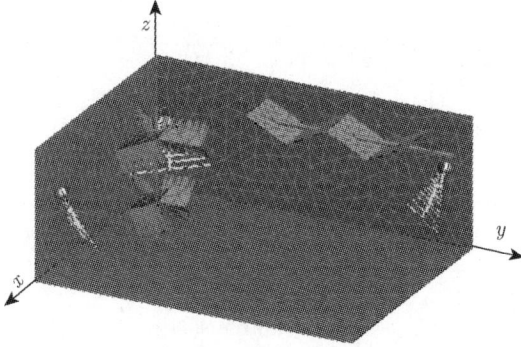

图 7-17 三副天线激励混响室的天线布局

表 7-7 三副天线激励混响室时,测试区域 8 个顶点位置归一化电场强度的最大值

频率/MHz	位置 场强/(V/m)	1	2	3	4	5	6	7	8
80	E_{xk}	203.8	153.8	148.5	101.5	176.5	177.5	143.2	102.4
	E_{yk}	72.3	92.4	123.6	97.2	96.0	59.3	52.0	88.2
	E_{zk}	64.5	65.4	120.5	150.3	109.2	155.5	83.8	115.0
120	E_{xk}	97.6	168.0	81.9	144.8	81.2	100.1	87.8	112.1
	E_{yk}	86.2	174.7	115.2	100.8	113.2	97.4	80.9	108.6
	E_{zk}	90.7	116.4	98.0	125.3	116.7	84.2	92.0	65.1

表 7-8 三副天线激励时,混响室测试区域顶点场强最大值的标准偏差

频率/MHz	σ_x/dB	σ_y/dB	σ_z/dB	σ_{24}/dB
80	1.85	2.09	2.43	2.67
120	2.20	2.04	1.60	1.95

将表 7-8 与表 7-5 比较可知,在 80MHz 时,采用三副天线激励混响室时得到的场强标准偏差较单天线、双天线时有所降低,说明场均匀性有所改善;而在 120MHz 时,采用三副天线激励混响室时得到的场强标准偏差与单天线、双天线激励混响室时则相差不大。由图 7-18 可知,当采用三副天线激励混响室时,测试区域顶点场强最大值较双天线有所下降,这主要是由于三副天线同时处于所建混响室模型中,混响室体积的限制,以致三副天线间耦合作用较大。综合考虑混响室场性能的改善情况以及经济成本,双天线激励混响室不失为一种改善混响室场性能并节约功率放大器购置成本的有效方法。一般而言,只有在建设超大型混响室时,才建议采用 3 个以上的发射激励天线。

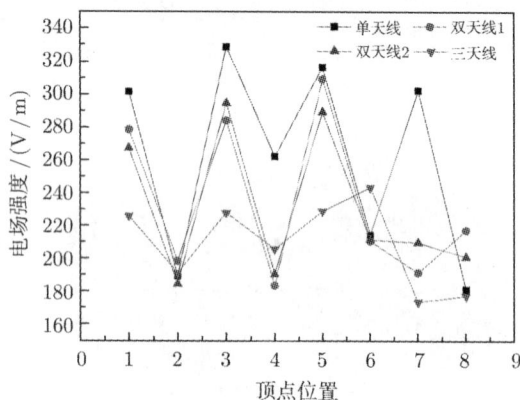

(a) 工作频率为80MHz

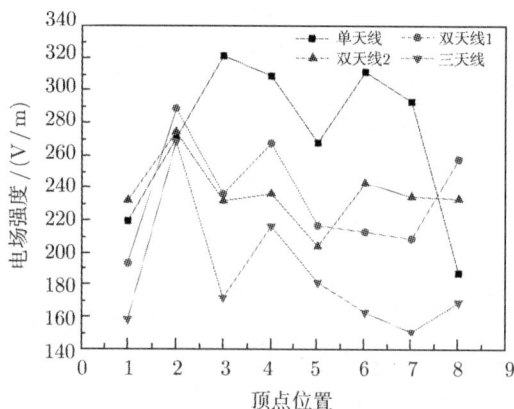

(b) 工作频率为120MHz

图 7-18　混响室测试区域 8 个顶点位置归一化电场强度最大值

7.2　基于镜像对称的多馈源混响室扩展方法

　　系统级电磁环境效应测试需要较大的测试空间，强场效应试验对超大型电磁混响室提出了紧迫需求。由于混响室越大，腔体与搅拌器表面积越大，归一化电场强度越低，激发一定强度的电磁环境需要输入的射频、微波功率也就越来越大；同时，天线远场辐射场强与距离成反比，若混响室内辐射天线直射与一次反射对空间场强的贡献大于多次反射的贡献，必将导致混响室内部远离辐射天线的区域电场强度小于靠近辐射天线的区域，混响室测试区域电场均匀性下降。如前所述，采用多发射天线激励能够解决超大型电磁混响室功放不能达标或成本过高、场均匀性下降的问题。但是，超大型混响室优化设计计算量超大。为解决该问题，可采用镜像对称的原理由相对较小的混响室构建大型混响室，通过小型混响室的优化设计构建大型混响室。

7.2.1 镜像对称多馈源混响室扩展原理

镜像对称多馈源电磁混响室是由单电磁混响室依据镜像原理组合而成的，在此以单电磁混响室镜像对称组成双馈源混响室为例进行说明。图 7-19 是由两个单电磁混响室组合成一个镜像对称双馈源电磁混响室的过程示意图。图 7-19(a) 是常规单电磁混响室的结构示意图，包括屏蔽腔体、发射天线和横、竖搅拌器；图 7-19(b) 是将两个单电磁混响室镜像对称组合在一起；图 7-19(c) 是组合后得到的镜像对称双馈源电磁混响室。由于混响室 6 个腔壁、横竖搅拌器均为金属材料，而金属表面附近电磁波电场方向垂直于腔体表面，从而在腔体表面及搅拌器附近不能达到混响室要求的各向同性。镜像组合后的混响室省略了两个电磁混响室的公共腔壁，相当于原先的电磁混响室减少了一个侧面的电磁损耗，若两个组合电磁混响室的

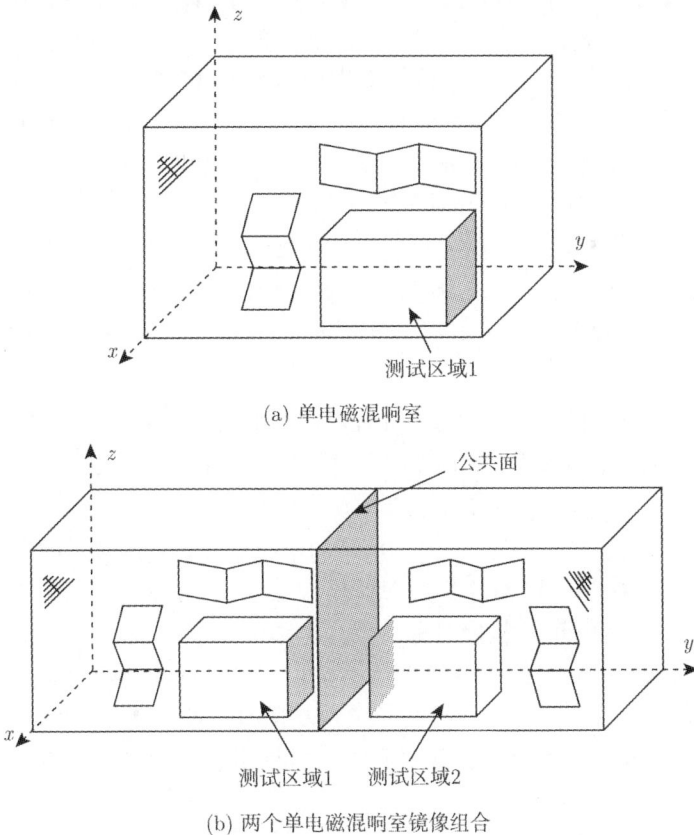

(a) 单电磁混响室

(b) 两个单电磁混响室镜像组合

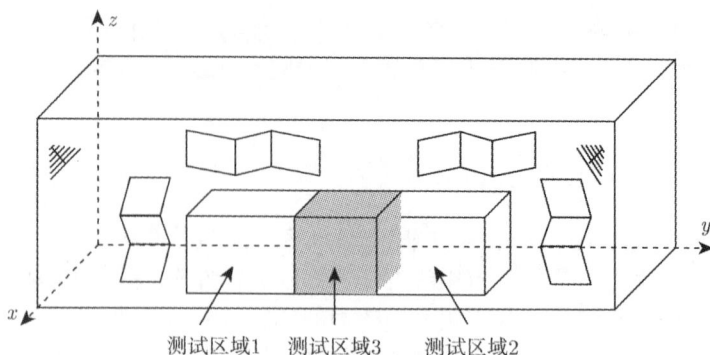

(c) 镜像对称双馈源电磁混响室

图 7-19　单电磁混响室组合成镜像对称双馈源混响室

激励输入功率相同，则组合后的混响室电场强度较原来的常规单电磁混响室要高；同时，由于减少了公共腔壁，原来处于公共腔壁两侧的非均匀场区变成了各向同性的均匀场区，如图 7-19(c) 中测试区域 3 所示。原有常规混响室的测试区域通过测试区域 3 连为一体，使混响室的测试区域扩展一倍多；另外，混响室通过镜像组合，腔体体积增加一倍，式 (1-2) 所示的模密度增加约一倍，不仅混响室下限频率有效降低，而且相同工作频率下的场均匀性也会有所提高。即在通过镜像组合使混响室体积、输入功率均提高一倍的情况下，混响室内电场强度、场均匀性有所提高，测试空间增加一倍多，而最低可用频率下降。

由于混响室镜像对称，发射天线的外部环境相同，具备了同时为多个发射天线馈入相同功率的条件，便可采用发射天线同时馈入相同功率，即多个功放激励天线辐射合成的方法解决混响室营造强场电磁环境的问题。下面采用仿真方法对上述理论分析进行验证。

采用基于矩量法的电磁仿真软件 FEKO 分别建立单电磁混响室模型以及镜像对称双馈源电磁混响室模型，如图 7-20 和图 7-21 所示，通过进行 3 组仿真实验验证以上原理。

第一组实验仿真计算如图 7-19(a) 所示的单电磁混响室测试区域场强及表征场均匀性的电场标准偏差值，其中发射天线输入功率为 100W；第二、三组实验分别仿真计算如图 7-19(c) 所示镜像对称双馈源电磁混响室测试区域 1(与单混响室测试区域相同) 及测试区域 1、2、3 合并后的整个测试区域的场强及表征场均匀性的电场标准偏差值，其中两个发射天线各输入功率 100W。通过比较这 3 组仿真数据的电场强度值及其标准偏差值来分析镜像对称组合后的混响室场性能是否有所改善。

图 7-20 单电磁混响室模型

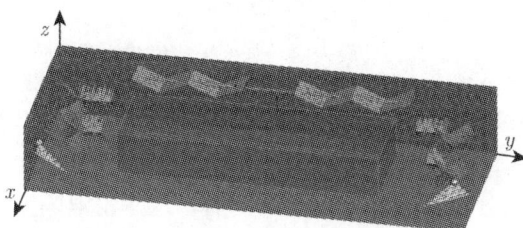

图 7-21 镜像对称双馈源混响室模型

表 7-9 是单电磁混响室、镜像对称双馈源电磁混响室中与单电磁混响室对应测试区域以及镜像对称双馈源电磁混响室整个测试区域 8 个顶点位置的最大电场强度值 $E_{\mathrm{max}ik}$。图 7-22 是各组仿真实验测试区域 8 个顶点位置最大轴向分量 $E_{\mathrm{max}ik}$ 平均值以及总平均值的比较。由图 7-22 可知,镜像对称双馈源电磁混响室测试区域场强较常规单电磁混响室整体增大。

表 7-9　混响室测试区域 8 个顶点位置电场强度最大值

(单位: V/m)

仿真实验	顶点	1	2	3	4	5	6	7	8
第一组	$E_{\mathrm{max}xk}$	2655	1387	2318	1668	2939	1742	2663	1549
	$E_{\mathrm{max}yk}$	1312	1011	1678	927	666	973	633	586
	$E_{\mathrm{max}zk}$	537	793	1611	1795	949	781	1278	739
第二组	$E_{\mathrm{max}xk}$	1552	916	726	1763	1953	947	2127	1058
	$E_{\mathrm{max}yk}$	2416	1294	2721	1530	945	1552	1846	1763
	$E_{\mathrm{max}zk}$	598	1628	1172	1719	1554	1360	957	1779
第三组	$E_{\mathrm{max}xk}$	1552	916	726	1763	1630	1025	934	1737
	$E_{\mathrm{max}yk}$	2416	1294	2721	1530	2426	1278	2760	1518
	$E_{\mathrm{max}zk}$	598	1628	1172	1719	600	1639	1169	1733

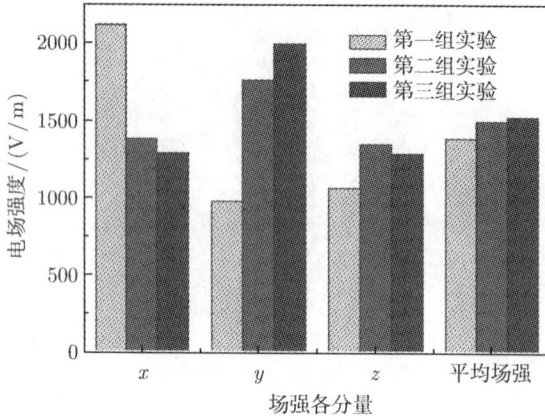

图 7-22　最大电场强度平均值的比较

图 7-23 是搅拌器在起始位置时，单电磁混响室测试区域、镜像对称双馈源电磁混响室整个测试区域的电场分布云图。由图 7-23(b) 可知，镜像对称双馈源电磁混响室工作区域电场分布关于原公共壁面对称，这是由混响室结构镜像对称决定的。比较图 7-23(a) 与 (b) 可知，镜像对称双馈源混响室工作区域场分布较单混响室平坦，均匀性有所改善，尤其在镜像对称混响室的中间工作区域场分布比较平坦，均匀性较好。这是由于镜像对称后，相同频率下混响室内模式数增加，中间公共腔壁的省略加强了电磁波在混响室的各向同性，并且两个发射天线各自辐射电磁波的叠加也改善了混响室工作区域的场均匀性。

表 7-10 是单电磁混响室、镜像对称双馈源电磁混响室中与单电磁混响室对应测试区域、镜像对称双馈源电磁混响室整个测试区域电场标准偏差的比较。由表中数据可知，混响室镜像对称组合后，双馈源电磁混响室的场均匀性要优于单混响室系统。

(a) 单电磁混响室

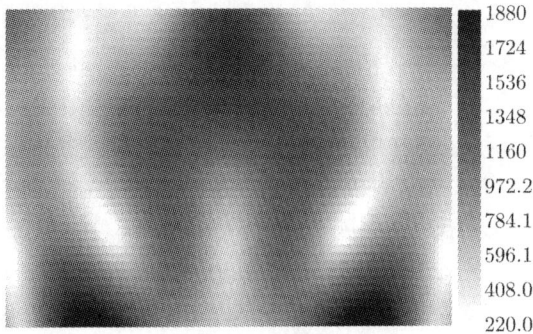

(b) 镜像对称双馈源混响室

图 7-23 混响室测试区域电场分布云图

表 7-10 混响室测试区域 8 个顶点场强最大值的标准偏差

仿真实验	σ_x/dB	σ_y/dB	σ_z/dB	σ_{24}/dB
第一组	2.16	2.82	3.08	3.57
第二组	2.84	2.47	2.32	2.62
第三组	2.48	2.44	2.75	2.92

结合图 7-22、图 7-23 以及表 7-10 可知：在镜像对称双馈源电磁混响室测试区域比单电磁混响室扩大一倍多、射频输入总功率提高一倍的前提下，镜像对称电磁混响室测试区域场强较单混响室增大，场均匀性也有所提高。以上仿真结果验证了镜像对称多馈源电磁混响室的扩展原理，说明单电磁混响室镜像对称组合后，不仅成倍地扩展了混响室的测试区域，且测试区域场强增大、场均匀性改善。同时，由于混响室镜像对称，便可采取由多个发射天线同时馈入相同功率的方法，通过多个功放激励天线的场强叠加解决混响室高场强的激励问题。

7.2.2 镜像对称多馈源混响室实施方案

下面以单混响室系统组成镜像对称双馈源混响室为例，给出多馈源混响室的实施方案。图 7-24 是单混响室系统构造原理图，主要由屏蔽腔体、搅拌器系统、天线发射系统、测量系统和主控制系统组成。屏蔽腔体主要由屏蔽门、通风波导窗、滤波器、接口板等组成；搅拌器系统主要由横搅拌器 2、竖搅拌器 3 以及电机控制器组成；天线发射系统由发射天线 1、信号源、功率放大器、双向耦合器和功率计组成；测量系统主要由接收天线、场强仪、接收机组成；主控制系统用以控制功率发射、测量和搅拌器旋转等，中间场地为测试区域 4。

以图 7-24 所示单混响室右壁为镜面，依据镜像原理组成双馈源混响室，省去原单混响室与镜像混响室的公共面壁，构成镜像对称双馈源电磁混响室，如图 7-25 所示。在此双馈源混响室中，屏蔽腔体，发射天线 1、2，横搅拌器 3、4 以及竖搅拌器 5、6 关于原单混响室右壁镜像对称。在结构设置上，镜像双馈源混响室将两主控系统合并，统一控制功率发射、搅拌器旋转等动作；同时可以省去一套测量系统，仅由一套数据采集系统完成电磁辐射效应测试的响应采集。通过信号发生器及功率放大器给两个发射天线同时馈入相同功率，发射天线在混响室内激励电磁波；搅拌器旋转以不断改变混响室内电磁场边界条件，两个横搅拌器以及两个竖搅拌器同时开始旋转，且转速相同以保证旋转过程中搅拌器位置镜像对称。当搅拌器步进一周后，在混响室内就可以达到统计均匀的电磁环境。

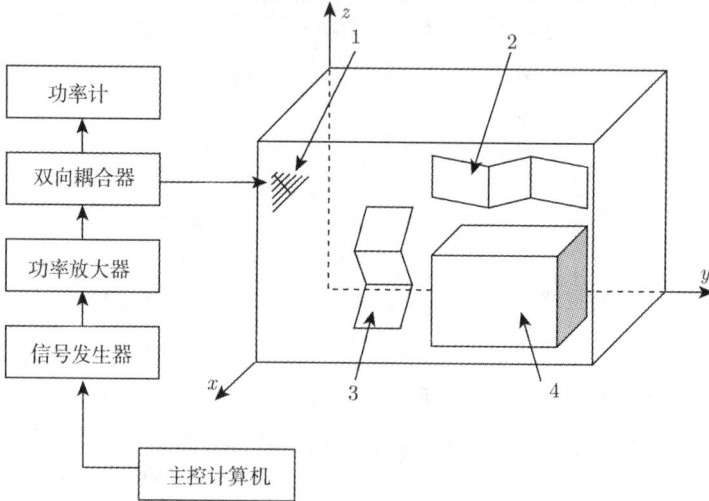

图 7-24　单混响室系统

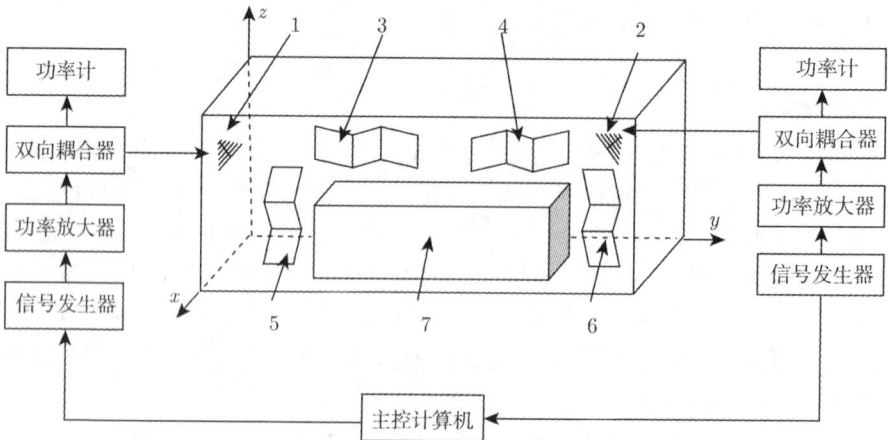

图 7-25　镜像对称双馈源混响室系统

在实际镜像对称多馈源混响室的建设过程中，为保证多天线激励的信号频率完全相同，混响室最好共用一台信号发生器，通过功分器给各路辐射发射天线的激励源——功率放大器提供输入信号，既便于控制，也可降低信号发生器的购置投资。

前面通过镜像对称的原理，论述了多馈源混响室建设的优势和可行性。事实上，在建设多馈源电磁混响室时，也不必要使多馈源具有完全对称性，横、竖搅拌器也不必完全同步，只要大致按镜像对称原理进行扩展，即可获得良好的场均匀性且电磁环境模拟效率较单馈源混响室高。

7.2.3 镜像对称多馈源混响室扩展分析

根据镜像多馈源混响室的组成原理可知，组成镜像多馈源混响室的单混响室系统可以是如图 7-19(a) 所示的单馈源混响室，也可以是如图 7-19(c) 所示的镜像对称双馈源混响室甚至四馈源混响室等，只要组合后的单混响室系统在结构和设置上具有镜像对称性即可。由以上仿真结果可推知，只要是两个单混响室系统组成镜像对称混响室后，工作区域的电场强度和场均匀性都不会下降。对于一个结构固定的单混响室系统而言，如果用其组成镜像多馈源混响室，其数量上可以是 2 个，也可以是 4 个或更多，但必须是 2 的幂指数。

理论上，由单混响室系统通过在 x、y、z(混响室长、宽、高)3 个方向的任一方向上或多个方向上将单混响室系统根据镜像原理进行组合，均可构建多馈源镜像对称混响室。但是，考虑到效应试验的实际需要，混响室的测试区域宜连为一体，中间不应有搅拌器等金属物体。因此，典型的镜像对称混响室除了图 7-25 所示的双馈源混响室外，还可构建图 7-26 和图 7-27 所示的四馈源、八馈源镜像对称混响室。

值得注意的是，无论是双馈源、四馈源还是八馈源镜像对称混响室，混响室的横、竖搅拌器和电磁激励发射天线都必须靠近混响室的屏蔽腔壁，以使测试区域连为一体，达到扩展测试空间的目的。考虑到系统级电磁辐射效应试验对狭长测试空间的特殊需要 (如测试互联线缆对系统的影响)，可以综合考虑实际场地、测试对象等多方面因素，根据 7.1 节阐述的方法，仿真设计多天线激励的狭长混响室，再在长度方向进行镜像对称扩展，构建测试空间长度足够大的长条形混响室。

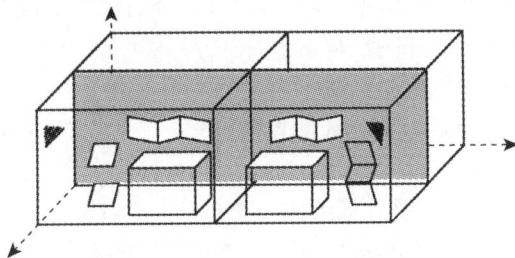

图 7-26 平面镜像扩展的四馈源混响室

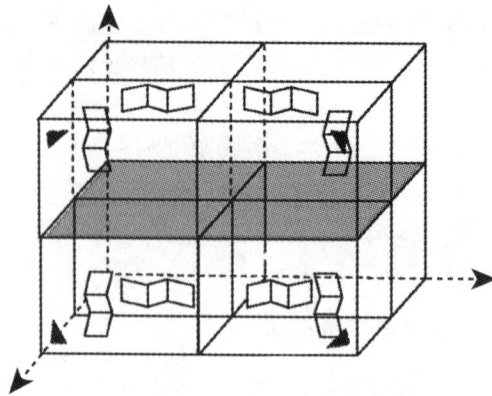

图 7-27　立体镜像扩展的八馈源混响室

7.3　基于遗传算法的混响室优化设计方法

混响室内电磁场分布的均匀性是评价其技术性能的决定性指标。现有混响室性能方面的研究多集中于改变混响室的边界条件，即改变混响室内模式分布来改善场均匀性，但这些因素的改变通常是根据工程技术人员的经验来完成的，并没有达到优化设计，工程应用价值受限。本节介绍一种将混响室仿真与遗传算法相结合，实现混响室结构参数自动优化的设计方法。

7.3.1　遗传算法简介

20 世纪 60 年代至 80 年代，美国 Michigan 大学的 Holland 带领其研究团队用遗传算法的思想对自然和人工自适应系统进行了研究，提出了遗传算法的模式定理，并实现了第一个基于遗传算法的机器学习系统，开创了遗传算法的机器学习新概念。1997 年，IEEE Transactions on Evolutionary Computation 的创刊，标志着遗传算法的研究日趋成熟，目前已广泛应用于函数优化、自动控制、图像处理、遗传编码等领域。

遗传算法借鉴了达尔文的进化论和孟德尔的遗传学说，模拟了生物进化机制中的自然选择和遗传中发生的复制、交叉和变异等现象。从任一初始种群出发，通过随机选择、交叉和变异操作，产生一群更适应环境的个体，使群体进化到搜索空间中越来越好的区域，经过一代一代地繁衍进化，最后收敛到一群最适应环境的个体，求得问题的最优解。

遗传算法的基本操作主要包括编码、选择、交叉和变异。

(1) 编码。由于遗传算法不能直接处理解空间中的参数，必须把它们转换成遗传空间的由基因按一定结构组成的染色体或个体。把一个问题的可行解从其解空间转换到遗传算法所能处理的搜索空间的转换方法称为编码,而由遗传算法解空间向问题空间的转换称为解码。

(2) 选择。选择是在父代群体中选择生命力强的个体遗传到下一代的一种遗传运算。选择操作建立在对个体的适应度进行评价的基础之上,适应度较高的个体被遗传到下一代群体中的概率较大,适应度较低的个体被遗传到下一代群体中的概率较小。选择模拟了生物界的"优胜劣汰",它本身不产生新的个体,优质个体得到复制,使种群的平均适应度得到提高。

(3) 交叉。交叉运算是指对两个相互配对的染色体按某种方式相互交换部分基因,从而形成两个新的个体。交叉运算产生子代,子代继承了父代的基本特征。交叉方式有单点交叉、多点交叉及均匀交叉等。图 7-28 给出了均匀交叉的运算过程,其中,A、B 分别为父代个体,A'、B' 分别为子代个体。M 为交叉掩码,它是随机产生的与个体等长的染色体结构,掩码中的等价位表明哪个父代个体向子代个体提供变量值。在此,对于子代个体 A' 位的产生,其掩码对应位为 1 时来自父代个体 A;掩码对应位为 0 时则来自父代个体 B。子代个体 B' 位的产生规则与 A' 相反,掩码对应位为 0 时来自父代个体 A。

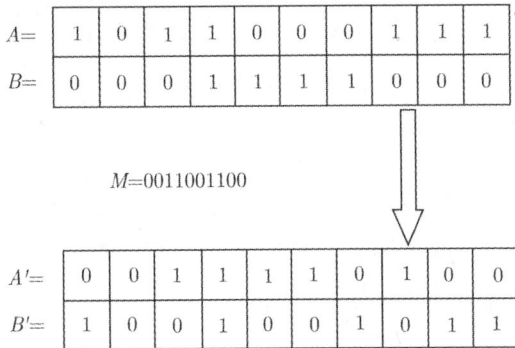

图 7-28 父代向子代遗传的均匀交叉

(4) 变异。变异运算是指将个体染色体中的某些基因座上的基因值用该基因座的其他等位基因来替换,从而形成一个新的个体。变异运算只是产生新个体的辅助方法,它决定了遗传算法的局部搜索能力,对维持群体的多样性有重要作用。图 7-29 给出了变异的示意图。

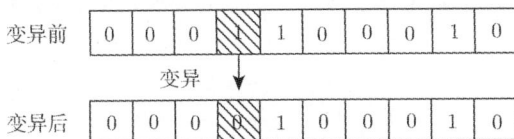

图 7-29 父代向子代遗传中的二进制变异

7.3.2　混响室优化设计的实现方法

利用基于多维数组的搅拌器独立位置数评价新准则、混响室等效损耗处理方法、混响室快速计算方法并结合遗传算法，能够实现混响室的优化设计，方法流程如图 7-30 所示。

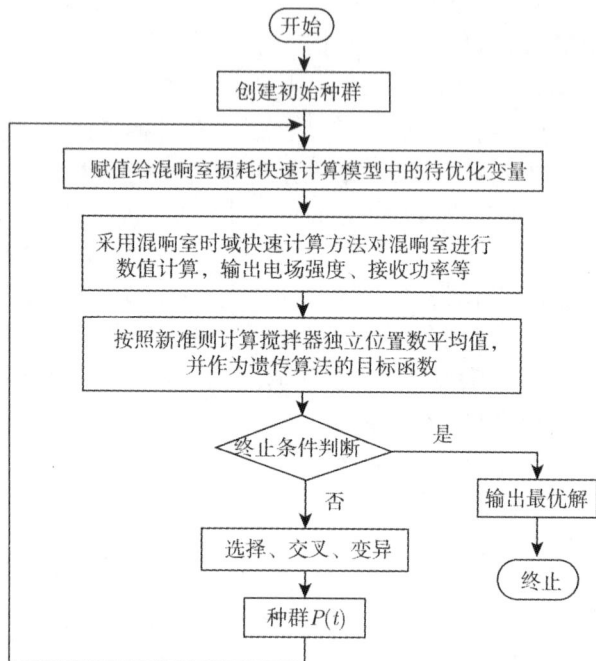

图 7-30　混响室优化设计方法流程

混响室优化设计方法的具体实现步骤如下。

(1) 遗传算法按照实数编码方式生成一组关于待优化变量的初始群体 $P(0)$，在此选择 $P(0)$ 中个体数为 60。

(2) 将群体中个体值赋予混响室损耗快速计算模型中的待优化变量，并采用前述的混响室等效损耗模型时域快速计算方法对混响室进行数值计算，输出各采样点电场强度、接收功率等数据。

(3) 采用多搅拌器独立位置数计算新准则计算搅拌器的独立位置数 n_{stirrer}，并以 80~300MHz 频段内所有采样点处计算得到的 n_{stirrer} 平均值为遗传算法中的优化目标函数。

$$n_{\text{stirrer}} = \sum_{i=1}^{N} \bar{n}(i)/N \tag{7-2}$$

式中，N 表示仿真计算时在 80~300MHz 频段内选取的频点数；$\bar{n}$ 是一个一维数组，其中每一个元素 $\bar{n}(i)$ 代表 80~300MHz 频段内第 i 频率点时 M 个采样点处搅拌器独立位置数 $n_j(i)$ 的平均值，可表示为

$$\bar{n}(j) = \sum_{j=1}^{M} n_j(i)/M \tag{7-3}$$

(4) 根据搅拌器独立位置数的计算结果，遗传算法对当前群体 $P(t)$ 中的个体进行选择、交叉和变异操作，从而生成下一代 "基因" 更为优良的群体 $P(t+1)$。其中，选择、交叉和变异的操作方式分别为随机遍历抽样选择法、均匀交叉方式和高斯近似变异方式。

(5) 优化终止判断。若进化代数 t 小于最大优化代数，则转至第 (2) 步；否则输出最优解，终止优化。

采用上述混响室优化设计方法对前述混响室进行优化，包括搅拌器的结构优化、位置优化以及总体优化。

7.3.3 搅拌器结构优化计算

将水平、垂直搅拌器叶片的夹角 φ、θ(图 7-31) 作为优化方法中第 (2) 步的优化变量，φ、θ 的初始值分别为 128.3° 和 90°。

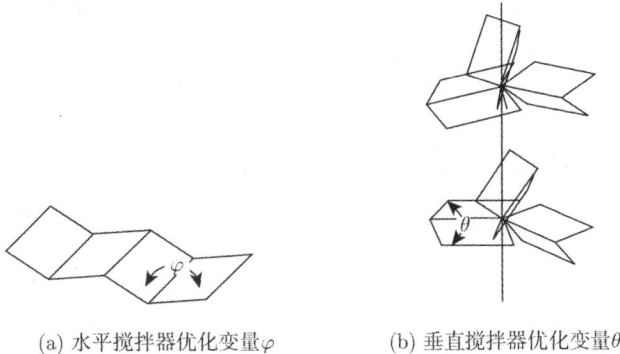

(a) 水平搅拌器优化变量φ (b) 垂直搅拌器优化变量θ

图 7-31 搅拌器结构优化变量

水平、垂直搅拌器夹角 φ、θ 构成的初始群体 $P(0)$，以及与 $P(0)$ 中个体所对应的目标函数 n_{stirrer} 如图 7-32 所示。由此可知，并非水平、垂直搅拌器夹角 φ、θ 越大或越小，搅拌器的独立位置数 n_{stirrer} 越大，如图中当 $\varphi=173.8°$、$\theta=167.75°$ 时，n_{stirrer} 仅为 33.54；$\varphi=107.17°$、$\theta=98.79°$ 时，n_{stirrer} 为 32.01。搅拌器的工作效率与搅拌器的旋转体积和旋转表面积有着非常复杂的关系，并且由于每个混响室个体的特殊性，目前未能有理论公式或经验表达式表征此种关系，为此有必要从纯粹的优化算法着手求解搅拌器夹角 φ、θ 的相对最优解。

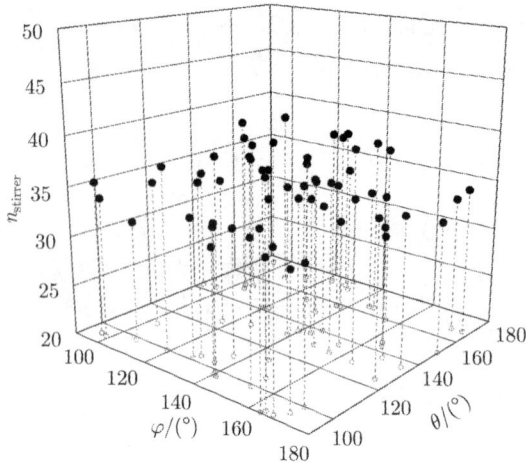

图 7-32　对应初始群体中搅拌器夹角变量的 n_{stirrer}

利用遗传算法优化后的水平、垂直搅拌器夹角 φ、θ 分别为 157.02° 和 150.21°，此时目标函数搅拌器独立位置平均数 n_{stirrer} 为 40.51，相比于初始的 $n_{\text{stirrer}}=37.02$，平均搅拌器独立位置增加了约 10 个百分点。由于 n_{stirrer} 表示的是全部频率点以及全部采样点计算的独立位置数的平均值，因此 n_{stirrer} 的增幅不会特别大，3.5 个搅拌器独立位置 n_{stirrer} 的增加充分说明了通过优化提高了搅拌器的工作效率，证实了混响室优化设计方法的正确性。

搅拌器结构优化前后，80~300MHz 频段内所有采样点处计算得到的搅拌器独立位置数平均值 $\bar{n}$ 的分布情况如图 7-33 中箱线图所示，优化后，整个频段内的搅拌器独立位置数平均值较优化前总体有所增加，提高了搅拌器效率，说明了优化的有效性。

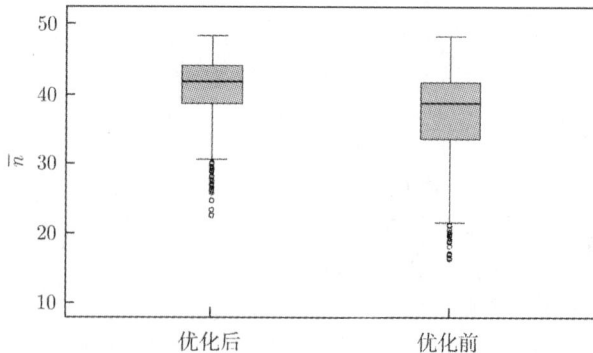

图 7-33　搅拌器结构优化前后 80~300MHz 频段内 $\bar{n}$ 的箱线图

7.3.4 搅拌器位置优化计算

由于混响室空间有限，当水平搅拌器沿 y 轴方向平移优化时，垂直搅拌器位置优化空间非常有限 (图 7-34)。下面以水平搅拌器与腔体右壁的距离 d_1 为优化变量，对搅拌器位置进行优化。

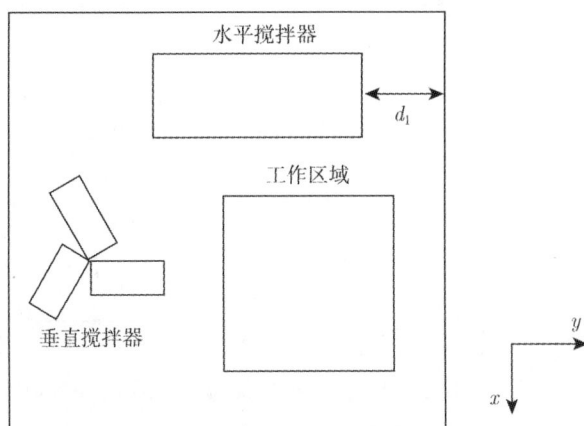

图 7-34 搅拌器位置优化变量 d_1

优化变量 d_1 构成的初始群体 $P(0)$ 以及与 $P(0)$ 中个体所对应的目标函数 n_{stirrer} 如图 7-35 所示。

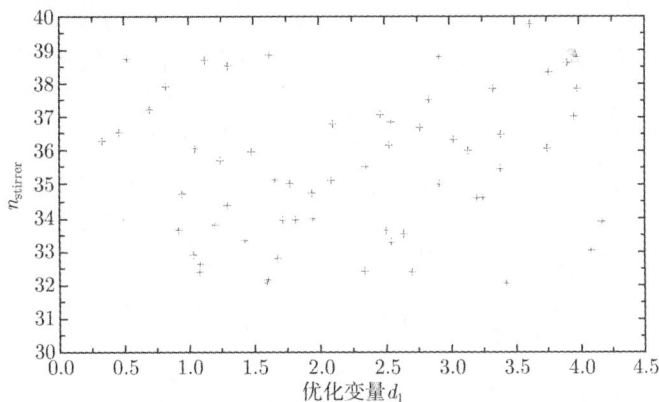

图 7-35 搅拌器位置优化变量 d_1 的 n_{stirrer}

搅拌器位置优化后的水平搅拌器与腔体右壁的距离 $d_1=3.6\mathrm{m}$，相对于初始位置 $d_1=1\mathrm{m}$，水平搅拌器向垂直搅拌器方向平移了 2.6m，此时目标函数搅拌器独立位置平均数 n_{stirrer} 为 40.03，相比于初始搅拌器独立位置平均数 $n_{\mathrm{stirrer}}=37.02$，增加了约 3 个平均搅拌器独立位置，提高 7.5%。说明通过优化搅拌器位置，可提高搅拌器效率, 证实了混响室优化设计方法的正确性。

水平搅拌器位置优化前后所有采样点处计算得到的搅拌器独立位置数平均值
$\bar{n}$ 在 80~300MHz 频段内的分布情况如图 7-36 中的箱线图所示, 优化后, 整个频段
内的搅拌器独立位置数平均值 $\bar{n}$ 较优化前总体有所增加, 提高了搅拌器效率。

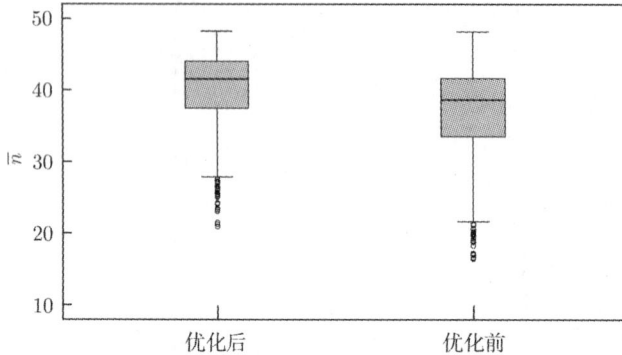

图 7-36   搅拌器位置优化前后 80~300MHz 频段内 $\bar{n}$ 的箱线图

7.3.5   混响室总体优化与搅拌器局部优化比较

对搅拌器结构、位置同时进行总体优化, 优化变量为水平、垂直搅拌器夹角 φ、θ
以及水平搅拌器与腔体右壁的距离 d_1。总体优化与搅拌器结构、位置局部优化后
以及优化前所有采样点处计算得到的搅拌器独立位置数平均值 $\bar{n}$ 在 80~300MHz
频段内的分布情况如图 7-37 中的箱线图所示, 总体优化后, 整个频段内的搅拌器
独立位置数平均值 $\bar{n}$ 较搅拌器结构优化、位置局部优化均有增加。根据优化结果,
比较总体优化与搅拌器结构、位置局部优化后各优化变量取值以及目标函数搅拌
器独立位置数平均值 n_{stirrer} 取值, 如表 7-11 所示。由此可见, 不同参量相互制约,

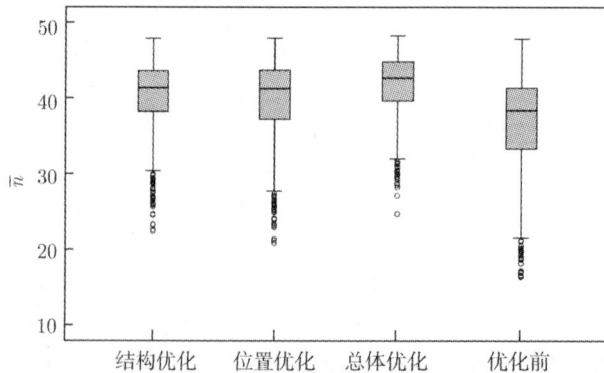

图 7-37   混响室总体、局部优化以及优化前 80~300MHz 频段内 $\bar{n}$ 的箱线图

局部优化与总体优化后优化变量的取值并不相同,因此在混响室实际优化设计中,必须对混响室总体进行优化。总体优化后,搅拌器独立位置平均值 $n_{stirrer}$ 高于局部优化,体现了总体优化的优势。

表 7-11   混响室总体优化与搅拌器局部优化后优化变量以及 $n_{stirrer}$ 取值

优化类别 \ 优化变量	$\varphi/(°)$	$\theta/(°)$	d_1/m	$n_{stirrer}$
初始状态	128.3	90	1.0	37.02
搅拌器结构优化	157.02	150.21	—	40.51
搅拌器位置优化	—	—	3.6	40.03
混响室总体优化	152.8	138.66	3.2	42.05

7.4   单天线激励混响室优化设计结论

根据上述混响室优化设计方法,通过数值模拟计算和实验验证,系统研究了腔体结构尺寸、搅拌器、腔体材料、天线布局等元素对混响室场均匀性的影响。主要研究结论如下。

1) 混响室腔体尺寸比例对场均匀性的影响

混响室高度相同、长宽尺寸比例小于 2 时,混响室内能够获得统计均匀性较好的测试环境;当长宽尺寸比例大于 2.5 时,混响室内的场均匀性显著下降;当长宽尺寸比例大于 4 时,由于测试区不同区域距辐射天线的距离过于悬殊,传统的天线布置方式已经难以保证混响室测试区域的场均匀性满足标准要求。此时,可以将辐射天线置于混响室长边中部边缘或通过双天线激励以提高混响室内的场均匀性。

2) 混响室腔体体积对场性能的影响

当混响室腔体体积小于 $10^4\mathrm{m}^3$ 时,随着混响室体积的增大,混响室内的归一化场强逐渐减小,场均匀性逐渐提高但变化率逐步下降。当混响室体积大于 $10^4\mathrm{m}^3$ 以后,随着混响室体积的增大,场均匀性迅速下降。

3) 混响室搅拌器配置对场均匀性的影响

设计了 3 种不同结构尺寸的搅拌器,详细考察了搅拌器的结构尺寸、数量、位置等参数对混响室场均匀性的影响。数据仿真结果表明:搅拌器的位置对混响室的场均匀性有一定的影响;使用复杂结构搅拌器时,混响室的场均匀性要优于使用简单结构搅拌器时的场均匀性,且采用双搅拌器时,混响室的场均匀性要优于采用单搅拌器时的场均匀性。

4) 发射天线配置对混响室场均匀性的影响

将发射天线放置在混响室墙角时,混响室测试区域能获得较高的测试场强,并能显著改善混响室低频工作时的场均匀性。发射天线指向混响室的墙角或指向搅拌器时，混响室测试区域场强标准差明显小于发射天线指向其他方向时的场强标准差，场均匀性较好。

5) 材料电导率对混响室场性能的影响

随着金属材料电导率的升高，混响室内场强各分量最大值和平均值均明显提高，但材料电导率的变化不会显著改变室内电场的分布情况。采用不同金属材料的相同尺寸混响室，其归一化电场强度最大相差 20% 左右。混响室工作频率越高，场均匀性能越好，但电导率对归一化电场强度的影响越大。

6) 材料磁导率对混响室场性能的影响

材料磁导率对混响室归一化电场强度有重大影响。材料磁导率越大，混响室内归一化电场强度值越小。但材料磁导率的变化并不显著改变混响室内电场的分布情况，采用不同磁导率材料的混响室场均匀性差别不明显。与非铁磁质材料相比，铁磁质材料将导致混响室归一化电场强度值急剧下降。工作频率越高，归一化电场强度值下降越大。以相对磁导率 500 为例，工作于 80MHz 时，归一化电场强度值下降约 50%，150MHz 时下降约 60%。因此，混响室内表面应尽量避免采用铁磁质材料。

参 考 文 献

崔耀中, 魏光辉, 范丽思, 等. 2011. 混响室关键配置对场分布影响分析. 电波科学学报, 26(6): 1107-1112.

李尔平, 高捷. 2005. 应用新型混响室技术进行电磁辐射和抗干扰检测. 安全与电磁兼容, (5): 28-30.

刘小强, 魏光辉, 潘晓东. 2009a. 材料磁导率对混响室场性能影响的仿真分析. 高电压技术, 35(8): 1986-1989.

刘小强, 魏光辉, 潘晓东. 2009b. 材料电导率对混响室场性能影响的仿真研究. 军械工程学院学报, 21(6): 46-49.

刘小强, 魏光辉, 崔耀中, 等. 2010. 基于双馈源优化混响室场性能的数值分析. 高电压技术, 36(5): 1234-1239.

沈远茂, 石丹, 高攸纲, 等. 2009. 利用多天线源搅拌改善混响室场均匀性的分析. 电波科学学报, 24(4): 682-686.

魏光辉, 崔耀中, 范丽思, 等. 2011. 基于镜像对称的多馈源混响室扩展方法研究. 微波学报, (6): 32-35.

袁智勇, 何金良, 曾嵘, 等. 2005. 电磁兼容试验中的混响室技术. 高电压技术, 31(3): 56-57.

袁智勇, 李曒, 陈水明, 等. 2007. 混响室设计与校准测试. 电波科学学报, 22(4): 571-576.

Akaike H. 1974. A new look at the statistical model identification. IEEE Transactions on Automatic Control, 19(6): 716-723.

Asander H J, Eriksson G, Jansson L, et al. 2002. Field uniformity analysis of a mode stirred reverberation chamber using high resolution computational modeling. IEEE International Symposium on Electromagnetic Compatibility: 285-290.

Bai L, Wang L, Wang B, et al. 1999. Reverberation chamber modeling using FDTD. IEEE International Symposium on Electromagnetic Compatibility: 7-11.

Bernard B D. 2011.Electromagnetic Reverberation Chambers. Hoboken: John Wiley & Sons.

Bonnet P, Vernet R, Girard S, et al. 2005. FDTD modeling of reverberation chamber. Electronics Letters, 41(20): 1-2.

Bretherton C S, Widmann M, Dymnikov V P, et al. 1999. The effective number of spatial degrees of freedom of a time-varying field. Journal of Climate, 12(7): 1990-2009.

Bruns C, Vahldieck R. 2005. A closer look at reverberation chambers-3-D simulation and experimental verification.IEEE Transactions on Electromagnetic Compatibility, 47(3): 612-626.

Bunting C F. 2002.Statistical characterization and the simulation of a reverberation chamber using finite-element techniques. IEEE Transactions on Electromagnetic Compatibility, 44(1): 214-221.

Bunting C F. 2003. Shielding effectiveness in a two-dimensional reverberation chamber using finite-element techniques. IEEE Transactions on Electromagnetic Compatibility, 45(3): 548-552.

Carlberg U, Kildal P S, Carlsson J. 2005. Study of antennas in reverberation chamber using method of moments with cavity Green's function calculated by Ewald summation. IEEE Transactions on Electromagnetic Compatibility, 47(4): 805-814.

Carlberg U, Kildal P S, Carlsson J. 2009. Numerical study of position stirring and frequency stirring in a loaded reverberation chamber. IEEE Transactions on Electromagnetic Compatibility, 51(1): 12-17.

Cheng F, Yang Q. 2000. On the use of the matrix-pencil technique to improve the computational efficiency of the FDTD method. Microwave and Optical Technology Letters, 27(3): 213-216.

Coates A, Sasse H G, Coleby D E, et al. 2007. Validation of a three-dimensional transmission line matrix (TLM) model implementation of a mode-stirred reverberation chamber. IEEE Transactions on Electromagnetic Compatibility, 49(4): 734-744.

Corona P, Ladbury J, Latmiral G. 2002. Reverberation-chamber research-then and now: a review of early work and comparison with current understanding. IEEE Transactions on Electromagnetic Compatibility, 44(1): 87-94.

Cui Y Z, Wei G H, Wang S, et al. 2012. Fast calculation of reverberation chamber Q-factor. Electronics Letters, 48(18): 1116-1117.

Cui Y Z, Wei G H, Wang S, et al. 2013a. Efficient method of optimizing reverberation chamber using FDTD and genetic algorithm method. Applied Computational Electromagnetics Society Journal, 28(4): 293-299.

Cui Y Z, Wei G H, Wang S, et al. 2013b. Fast analysis of reverberation chamber using FDTD and improved matrix pencil method. IEEE Antennas and Wireless Propagation Letters, 12: 845-848.

Cui Y Z, Wei G H, Wang S, et al. 2014. Fast analysis of reverberation chamber using FDTD method and matrix pencil method with new criterion for determining the number of exponentially damped sinusoids. IEEE Transactions on Electromagnetic Compatibility, (99): 1-10.

Duffy A P, Williams A J M.1999. Optimising mode stirred chambers. 13th Int Zurich Symp and Technical Exhibition on Electromagnetic Compatibility:685-688.

Dunn J M. 1990. Local, high-frequency analysis of the fields in a mode-stirred chamber. IEEE Transactions on Electromagnetic Compatibility, 32(1): 53-58.

Fraedrich K, Ziehmann C, Sielmann F. 1995. Estimates of the spatial degrees of freedom. Journal of Climate, 8(2): 361-369.

Freyer G, Lehman T, Ladbury J, et al. 1998. Verification of fields applied to an EUT in a reverberation chamber using statistical theory. IEEE International Symposium on Electromagnetic Compatibility: 34-38.

Fuchs J J. 1988.Estimating the number of sinusoids in additive white noise.IEEE Transactions on Acoustics, Speech and Signal Processing, 36(12):1846-1853.

Gradoni G, Moglie F, Pastore A P, et al. 2006. Numerical and experimental analysis of the field to enclosure coupling in reverberation chamber and comparison with anechoic chamber. IEEE Transactions on Electromagnetic Compatibility, 48(1): 203-211.

Han L, Xi Y, Huang W P. 2010. Acceleration of FDTD mode solver by high-performance computing techniques. Optics Express, 18(13): 13679-13692.

Harima K, Yamanaka Y. 1999. FDTD analysis on the effect of stirrers in a reverberation chamber. IEEE International Symposium on Electromagnetic Compatibility: 260-263.

Harima K, Yamanaka Y. 2001. Evaluation of E-field uniformity for radiated immunity testing in a reverberation chamber. IEEE International Symposium on Electromagnetic Compatibility: 768-770.

Hatfield M O, Freyer G J, Slocum M B. 1997. Reverberation characteristics of a large welded steel shielded enclosure. IEEE International Symposium on Electromagnetic Compatibility: 38-43.

Hatfield M, Slocum M, Godfrey E, et al. 1998. Investigations to extend the lower frequency limit of reverberation chambers. IEEE International Symposium on Electromagnetic Compatibility: 20-23.

Holloway C L, Hill D A, Ladbury J M, et al. 2006. On the use of reverberation chambers to simulate a rician radio environment for the testing of wireless devices. IEEE Transactions on Antennas and Propagation, 54(11): 3167-3177.

Hong J I, Huh C S. 2010. Optimization of stirrer with various parameters in reverberation chamber. Electromagnetics Research, 104: 15-30.

Hu F. 1990. The band-pass matrix pencil method for parameter estimation of exponentially damped/undamped sinusoidal signals in noise. New York: Syracuse University.

Hua Y, Sarkar T K. 1990. Matrix pencil method for estimating parameters of exponentially damped/undamped sinusoids in noise. IEEE Transactions on Acoustics, Speech and Signal Processing, 38(5): 814-824.

Karlsson K, Carlsson J, Kildal P S. 2006. Reverberation chamber for antenna measurements: modeling using method of moments, spectral domain techniques, and asymptote extraction. IEEE Transactions on Antennas and Propagation, 54(11):3106-3113.

Kildal P S, Carlsson C, Yang J. 2002. Measurement of free-space impedances of small antennas in reverberation chambers. Microwave And Optical Technology Letters, 32(2): 112-115.

Kildal P S, Rosengren K. 2004.Correlation and capacity of MIMO systems and mutual coupling, radiation efficiency, and diversity gain of their antennas: simulations and measurements in a reverberation chamber. IEEE Communications Magazine, 42(12): 104-112.

Kodali V P, Prasad V. 2001. Engineering Electromagnetic Compatibility: Principles, Measurements, Technologies, and Computer Models. New York: Institute of Electrical and Electronics Engineers.

Kouveliotis N, Trakadas P, Capsalis C. 2002a. Examination of field uniformity in vibrating intrinsic reverberation chamber using the FDTD method. Electronics Letters, 38(3): 109-110.

Kouveliotis N, Trakadas P, Capsalis C. 2002b. FDTD calculation of quality factor of vibrating intrinsic reverberation chamber. Electronics Letters, 38(16): 861-862.

Kouveliotis N, Trakadas P, Capsalis C. 2003. FDTD modeling of a vibrating intrinsic reverberation chamber. Electromagnetics Research, 39: 47-59.

Krauthauser H, Winzerling T, Nitsch J. 2005. Statistical interpretation of autocorrelation coefficients for fields in mode-stirred chambers. International Symposium on Electromagnetic Compatibility: 550-555.

Kundu D, Mitra A. 2001. Estimating the number of signals of the damped exponential models. Computational Statistics & Data Analysis, 36(2): 245-256.

Lehman T, Freyer G. 1997. Characterization of the maximum test level in a reverberation chamber.IEEE International Symposium on Electromagnetic Compatibility: 44-47.

Lemoine C, Besnier P, Drissi M. 2007. Investigation of reverberation chamber measurements through high-power goodness-of-fit tests.IEEE Transactions on Electromagnetic Compatibility, 49(4): 745-755.

Lerosey G, De Rosny J. 2007. Scattering cross section measurement in reverberation chamber. IEEE Transactions on Electromagnetic Compatibility, 49(2): 280-284.

Liu B H, Chang D C, Ma M T. 1983. Eigenmodes and the composite quality factor of a reverberating chamber. National Bureau of Standards.

Ma M. 1988.Understanding reverberating chambers as an alternative facility for EMC testing. Journal of Electromagnetic Waves and Applications, 2(3/4): 339-351.

Madsen K, Hallbjorner P, Orlenius C. 2004. Models for the number of independent samples in reverberation chamber measurements with mechanical, frequency, and combined stirring. IEEE Antennas and Wireless Propagation Letters, 3(1): 48-51.

Mengué S, Richalot E, Picon O. 2008. Comparison between different criteria for evaluating reverberation chamber functioning using a 3-D FDTD algorithm. IEEE Transactions on Electromagnetic Compatibility, 50(2): 237-245.

Mitra A K, Trost T F. 1997. Statistical simulations and measurements inside a microwave reverberation chamber. IEEE International Symposium on Electromagnetic Compatibility: 48-53.

Moglie F. 2004. Convergence of the reverberation chambers to the equilibrium analyzed with the finite-difference time-domain algorithm. IEEE Transactions on Electromagnetic Compatibility, 46(3): 469-476.

Moglie F, Primiani V M. 2011a. Analysis of the independent positions of reverberation chamber stirrers as a function of their operating conditions. IEEE Transactions on Electromagnetic Compatibility, 53(2): 288-295.

Moglie F, Primiani V M. 2011b. Reverberation chambers: Full 3D FDTD simulations and measurements of independent positions of the stirrers. IEEE International Symposium on Electromagnetic Compatibility: 226-230.

Nadakuditi R R, Edelman A. 2008. Sample eigenvalue based detection of high-dimensional signals in white noise using relatively few samples. IEEE Transactions on Signal Processing, 56(7): 2625-2638.

Nadler B. 2010. Nonparametric detection of signals by information theoretic criteria: performance analysis and an improved estimator. IEEE Transactions on Signal Processing, 58(5): 2746-2756.

Nico G, Fortuny J. 2003. Using the matrix pencil method to solve phase unwrapping. IEEE Transactions on Signal Processing, 51(3): 886-888.

Orjubin G, Petit F, Richalot E, et al. 2006. Cavity losses modeling using lossless FDTD method. IEEE Transactions on Electromagnetic Compatibility, 48(2): 429-431.

Papy J M, De Lathauwer L, Van Huffel S. 2007. A shift invariance-based order-selection technique for exponential data modelling. IEEE Signal Processing Letters, 14(7): 473-476.

Perrin E, Guiffaut C, Tristant F, et al. 2009. A method to decrease computation time of FDTD calculations for low frequency excitations. IEEE International Symposium on Electromagnetic Compatibility: 244-248.

Pirkl R J, Remley K A, Patané C L. 2012. Reverberation chamber measurement correlation. IEEE Transactions on Electromagnetic Compatibility, 54(3): 533-545.

Primiani V M, Moglie F. 2012. Numerical simulation of reverberation chamber parameters affecting the received power statistics. IEEE Transactions on Electromagnetic Compatibility, 54(3): 522-532.

Reddy V U, Biradar L. 1993. SVD-based information theoretic criteria for detection of the number of damped/undamped sinusoids and their performance analysis. IEEE Transactions on Signal Processing, 41(9): 2872-2881.

Ritter J, Amdt F. 1996. Efficient FDTD/matrix-pencil method for the full-wave scattering parameter analysis of wave guiding structures. IEEE Transactions on Microwave Theory and Techniques, 44(12): 2450-2456.

Robinson M, Clegg J. 2005.Improved determination of Q-factor and resonant frequency by a quadratic curve-fitting method. IEEE Transactions on Electromagnetic Compatibility, 47(2): 399-402.

Sarkar T K, Pereira O. 1995.Using the matrix pencil method to estimate the parameters of a sum of complex exponentials. IEEE Antennas and Propagation Magazine, 37(1): 48-55.

Wolfgang A, Carlsson W, Orlenius C, et al. 2003. Improved procedure for measuring efficiency of small antennas in reverberation chambers. IEEE International Symposium on Antennas and Propagation Society Columbus: 727-730.

Yang Y, Hu S, Chen R, et al. 2005. FDTD analysis with modified matrix pencil method for the UC-EBG low-pass filters. Microwave and Optical Technology Letters, 44(1): 37-41.

Ye Z, Tang W, Li S. 2006. Analysis of millimeter wave microstrip circulator with a magnetized ferrite sphere by FDTD method with modified matrix pencil method.International Journal of Infrared and Millimeter Waves, 27(8): 1109-1117.

Yilmazer N, Fernandez-Recio R, Sarkar T K. 2006. Matrix pencil method for simultaneously estimating azimuth and elevation angles of arrival along with the frequency of the incoming signals. Digital Signal Processing, 16(6): 796-816.

Yin D, Lin J, Zhu K. 2012. Reconstruction research of matrix pencil method about airborne electromagnetic response data. 2012 International Conference on Systems and Informatics: 2352-2356.

Zhao H,Shen Z. 2010. Hybrid discrete singular convonlution-method of moments analysis of a 2-D transverse magnetic reverberation chamber. IEEE Transactions on Electromagnetic Compatibility, 52(3): 612-619.

Zhao H, Shen Z. 2011. Fast and accurate prediction of reverberation chambers' resonant frequencies using time-domain integral equation and matrix pencil method. 8th International Conference on Information, Communications and Signal Processing: 1-4.